Natural History of Satoyama
in the Ryukyu Archipelago

琉球列島の里山誌

おじいとおばあの昔語り

盛口 満 ［著］
Mitsuru MORIGUCHI

東京大学出版会

Natural History of Satoyama in the Ryukyu Archipelago
Mitsuru MORIGUCHI
University of Tokyo Press, 2019
ISBN 978-4-13-060321-8

はじめに

「おまえに話すことはなにもない」
　自己紹介と、来訪の目的を告げるやいなや、けんもほろろにそんな言葉を返されたことがある。さらにこちらの意を説明しようと言葉を続けたが、結果は同じであった。持参したお土産を渡し、少し世間話をして辞去することになった。
　また、別の機会。
　私のゼミの卒業生と一緒に、そのゼミ生の故郷の島に聞き取りにいった際のこと。お話をうかがった年配の方が、いずれもその卒業生に熱いまなざしを向けてお話をしてくださったのが印象に残った。そして実感したことがある。本来、その島の「話」は、その島の未来を紡ぐ島出身の若者にこそ向けられて話されるものであるのだ。先に、「おまえに話すことはなにもない」といわれたエピソードを紹介したが、だからそれは、もっともな発言であったのである。
　それでも、許される範囲で、さまざまな島の年配の方のもとを訪れ、「かつて」のお話をうかがえたらと思う。
　ある島で聞き取りをしているときに、高齢者福祉施設におじゃましてお話をうかがうことになったこともある。介護福祉士の方が、その施設の最高齢者である100歳を超える女性のもとへと案内してくれた。目の不自由なその方は、介護福祉士の方の説明を聞いて、流れるような島言葉でお話をしてくださった。その言葉を一言半句も意味が汲み取れない。そのような言葉を今に語れる方がいらっしゃるということだけを胸にしまい、施設を後にした。
　私は大学の学部で植物生態学の研究の一端にふれたものの、学部卒業後は教員への道を歩み、現代的な生態学はもとより、民俗学も人類学も言語学もまったく素養がないままに現在に至っている人間である。そんな私ができることは、ごく限られている。
　それでも、私にとってしてみたいと思い、かつ、私にもできると思えるこ

とがある。

　琉球列島の島々の生物多様性は名高いが、これらの島々には、その生物多様性と同調するかのように、多様な人々の文化が存在している。しかし、そのような伝統的な文化は、ここ数十年の生活や社会の変化の前に、それと気づかれぬままに失われつつあるものが多い。その代表として、かつて人々のもっとも身近な生態系として存在していた里山についての記録を残したいと私は思っている。

　本書は、2007年から2017年までに私が行った琉球列島の里山に関する調査結果の報告である。おもに昭和30年代以前の里山の様子を覚えている方々への聞き取り調査から得たデータをまとめたものだ。その調査の聞き取りの過程で、上記のようなやりとりがあったというわけである。

　調査の過程で、島々の年配の方々から、貴重なお話をさまざまお聞かせいただいた。そうした聞き取り結果は、できるだけ早い段階で文章に起こし、話者の方々に見ていただいた後、大学の紀要などで発表するようにしてきた（まだ、そのすべてを発表するには至っていないが）。本書でも、できるだけ話者の方々のお話を記録し、多くの方々に見ていただきたいと考え、聞き取り結果の紹介にかなりのスペースを割いている。私のへたな解釈よりもまず、話者の方々の語りの内容の貴重性を見ていただけたらと思う。

　なお、琉球列島は、島ごと、集落ごとといってよいほど、多様な言語が使われてきた。それらの言語を忠実に表記する力が私にないことと、話者の話の内容に注目したいというねらいから、本書は基本的に標準語での表記を行っていることをお断りしておく。

目　　次

はじめに……………………………………………………………………… i

第 1 章　琉球列島との出会い…………………………………………… 1
　1.1　琉球列島とはどこか……………………………………………… 2
　1.2　里山とはなにか…………………………………………………… 5
　1.3　身近な自然とはなにか…………………………………………… 7
　1.4　里山誌とはなにか………………………………………………… 10

第 2 章　琉球列島の自然誌……………………………………………… 13
　2.1　琉球列島の生物相の成り立ち…………………………………… 14
　2.2　高島と低島………………………………………………………… 18
　2.3　琉球列島の農耕と社会の歴史…………………………………… 24

第 3 章　琉球列島の里山………………………………………………… 31
　3.1　歌に見る自然と歴史……………………………………………… 32
　3.2　南島のドングリ利用……………………………………………… 37
　3.3　沖縄島南部における稲作………………………………………… 41
　3.4　沖縄島における稲作の減少……………………………………… 45
　3.5　奄美諸島における稲作の減少…………………………………… 55
　3.6　琉球列島の里山の構造…………………………………………… 58

第 4 章　里山の多様性…………………………………………………… 67
　4.1　タシマとバシマ…………………………………………………… 68
　4.2　沖縄島南部の里山………………………………………………… 71
　4.3　石垣島の里山……………………………………………………… 76
　4.4　繊維利用植物……………………………………………………… 80

	4.5 ソテツの利用	96
	4.6 緑肥の分布	114
	4.7 琉球列島における魚毒漁	124
	4.8 魚毒漁の多様性	142
	4.9 アダンの利用	152
	4.10 薪の利用から見た奄美諸島	161

第 5 章　里山の自然利用 ……………………………………… 179
  5.1 木の実の利用から見た低島 ………………………………… 180
  5.2 キノコの利用 ………………………………………………… 198
  5.3 タニシ・ドジョウの利用 …………………………………… 210

第 6 章　里山の固有性 ………………………………………… 221
  6.1 里山のつながり ……………………………………………… 222
  6.2 里山の固有性 ………………………………………………… 230

おわりに …………………………………………………………… 233
謝辞 ………………………………………………………………… 236
参考文献 …………………………………………………………… 239
索引 ………………………………………………………………… 249

第1章　琉球列島との出会い

宮古島・西平安名岬と池間島。池間島は典型的な低島のひとつ。島には埋め立てられる以前の深い入り江が見える（1971年撮影・沖縄県公文書館所蔵）。

1.1 琉球列島とはどこか

　小さなころから、「沖縄」にあこがれていた。
　ただし、この場合の、「沖縄」とは、本の中で垣間見る、まだ実際に行ったことのない、南の島を漠然と指すものだった。
　「沖縄」にあこがれるようになったきっかけは、いくつかある。
　私の生まれ育ったのは、南房総の館山市である。記憶をたどると、小学 2 年生のころにさかのぼる。ある日を境に、幼いころの私は、海岸に打ち上がる貝殻を拾い集めることに強い興味を持つようになった。暇を見つけては海岸に出かけ、貝殻を拾う。拾い上げた貝殻は、図鑑で名前を調べ、悦に入っていた。こんなことをしていたために、いつのまにか貝の図鑑が座右の書になったのだが、何度海岸に出かけても拾うことができない美しい貝は、たいていが「奄美大島以南」とか「沖縄以南」にすんでいると解説に書かれているのだった。こうして、私の頭の中には、美しい貝殻が数限りなく打ち上がっている南の島というイメージがつくりあげられていった。
　もうひとつ、記憶しているきっかけは、小学校の 5 年生くらいのときのことになる。当時、学研の『科学』と『学習』という雑誌が、学校を通じて販売されていた。私の家は、あまり豊かではなく、そのどちらも定期購読ができなかったのだが、ある日、母親の友人宅から、お古になった『科学』がまとまってもらいうけられることとなった。驚喜したのはもちろんだが、その中の 1 冊に、西表島の自然が特集されてあった。その特集の中の 1 枚の写真が、強く私を惹きつけることになる。それは、探検家風の衣装に身を包んだ男性が、両手で巨大なマメのさやを掲げ持っているという写真だった。さやの長さは 1 m ほどもあり、まるで、童話のジャックと豆の木を思わせた。
　「こんなに巨大なマメがほんとうにあるのだろうか」
　私はいつか、自分の目でそのマメを見たいと思い、西表島という名称を頭の中に刷り込んだ。ただ、これまた、西表島の位置関係がはっきりわかっていたわけではない。先の「沖縄＝南の島」というくくりの中に、西表島もすっぽりと入れられていたと思う。私が実際に西表島に出かけ、巨大なマメをその目にするのは、それからだいぶ先、大学 1 年生のころになっての話だ。
　私たちが日常、「沖縄」という単語を口にした場合、それは「沖縄県」を

指す場合と、「沖縄島」を指す場合と、「沖縄島を含む南の島あれこれ」を漠然と指す場合がある。ちなみに、私は今、沖縄県に所属する沖縄島・那覇に居住するが、沖縄県民にとって、「沖縄」というのは、基本的には「沖縄島」を指している。たとえば、石垣島の住民は、那覇に用事がある場合、「沖縄に行く」といったりする。

　このように、日常語はあいまいさや、人（または地域）による違いも含まれる。では、本書の題名の一部となっている琉球列島とは、どの範囲の島々のことを指すのだろうか。じつは、官公庁で使用される呼称と、自然科学で使用される呼称には差異があり、また、それぞれにおいても呼称の不統一が見られるというのが現状である。より具体的にいえば、九州の沖合から台湾まで連なる島々の総称として琉球諸島、琉球列島、南西諸島などの異なる呼び名があり、たとえば総称として琉球列島を選んだ場合においても、琉球列島の中に大東諸島と尖閣諸島を含める場合とそうではない場合があるといった具合である。これらのさまざまな呼称を整理したうえで、自然科学分野に即した場合、島々の総称として、琉球列島の名称を与えることを『沖縄県史　自然環境』の執筆、編集にかかわった当山昌直は提唱している。また、この琉球列島の中には、大東諸島と尖閣諸島は含めず、琉球列島および、大東諸島、尖閣諸島を合わせた総称としては琉球諸島（南西諸島）をあてるとしている（当山 2015）。本書で使用する琉球列島の定義も、これに準拠することとする。

　では、西表島の位置関係はどのようになるだろうか。

　琉球列島は、さらに、大隅諸島、トカラ列島、奄美諸島、沖縄諸島、先島諸島に分けられる（図 1）。

　先島諸島はさらに、宮古諸島と八重山諸島に分けられる。

　八重山諸島には、石垣島、西表島、波照間島、与那国島などの島々が含まれる。

　このようになるわけだ（図 2）。

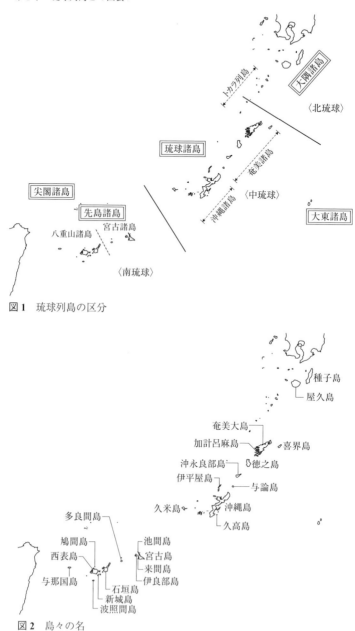

図1　琉球列島の区分

図2　島々の名

1.2 里山とはなにか

　これまた、幼少のころの私が「里山」なる名称を知っていたわけではないのだが、貝殻拾いをきっかけにして生きものに強く惹かれるようになった私が，日々ほっつき歩いて虫や草花に親しんでいたのは、里山と呼ばれる自然環境だった。
　では、里山とはなにか。
　里山という用語自体は、江戸時代にすでに存在し、里山の文字の見られる最古の文章としては、宝暦9（1759）年にさかのぼるという（有岡 2004）。その里山という用語に「現代的」な意味づけがなされるようになったのは、燃料革命などで、里山の存在自体が大きく変質を遂げ始める 1960 年代になってからのことである（丸山 2007）。この里山の用語の指し示す範囲については、さまざまな定義がある。もともとは、字の指し示すように身近な農用林（雑木林）を里山と呼んだのだが、しだいに農用林だけでなく、水田、溜め池、用水路、カヤ場などの里の農業環境を構成していたセットを含めて里山と呼ぶ場合が生じてきたのである（丸山 2007）。つまり、里山には狭義と広義がある。
　里山を狭義に使用する場合、つまり農用林に限定して用いる場合は、先の農業環境を構成していたそのほかのセットと合わせて里地里山と呼び合わせることがある。または、この里地里山を里山農業環境と呼ぼうという提唱もなされている（丸山 2007）。
　一方、里山の定義を広義にとらえて使用する例もある。たとえば民俗植物学を専門とする阪本寧男は「人里近くに存在する山を中心に、それに隣接する雑木林・竹林・田畑・溜め池（貯水池）・用水路などを含む空間的広がりのなかで、人々が生活してゆく上でさまざまな関わりを維持してきた生態系」を里山と呼ぶとしている（阪本 2007）。本書では、以後、この阪本の定義にしたがって里山という用語を使用することとしたい。近年においては、この広義の定義による里山と対応するかたちで、里海という用語も提唱されている（国際連合大学高等研究所ほか 2012）。
　阪本は、「里山の民族生物学」と題した論考で、里山の実態の一例を、自身の幼少体験に根ざした紹介を行うというユニークな記述を試みている。里

山とは、上記で説明をしたように、もともと農業用の林を含む、里の農業環境のセットである。しかし、そのような目的とは別に、里山には農作物とは直接関係しない生きものが多数生息している。そのため、子どもたちにとって、里山は、遊び場であり、遊び相手（虫）やおやつ（木の実）を見つける場として認知されていた。里山を考えるうえで、このような多重の視点を持つことは、たいへん重要であると考える。

阪本（昭和5［1930］年生まれ）の生まれ育ったのは、京都府の東南部である。阪本の子ども時代、子どもたちにとっての、一種のなわばりを指し示す「すいば」という用語があった。阪本は子ども時代を振り返り、「里山と私との関わり合いは、おもに"すいば"を通じてであった」と書いている。そのすいばの「内容」をもう少しくわしく引くと、以下のようになる。

① クワガタやカブトムシなどの虫を捕る場所
② フナを釣ったり、カニを獲ったりする場所
③ 木の実を採る場所
④ キノコを採る場所

阪本は、さらに、クワガタやカブトムシには、図鑑に載っているような標準和名ではなく、種ごとに対応するような独自の呼称（たとえばコクワガタの雄はツノナガ、ヒラタクワガタの雄はホンゲンジ、ミヤマクワガタの雄はヘイタイゲンジと呼ばれたとある）があったことを紹介している。同様、子どもたちがすいばで採って食べた木の実にはクリ以外に、クサイチゴ、イバナシ（イワナシ）、アカイミ（アクシバ、カクミノスノキ）、アオイミ（スノキ、シャシャンボ）、サルモモ（ナツハゼ）などがあったことも紹介されている。

このような阪本の里山の記述がユニークであるというのは、里山とはどのような環境であるかを、農業に従事したことのない読者からも容易に理解できる点にある。

1962（昭和37）年に南房総で生まれた私の場合も、近所の里山のどこに、クワガタやカブトムシのくる樹液の出る木が生えているかというマップを頭の中にしまい込んでいた（ただし、私の場合は、仲間内でも、ヒラタクワガ

タやコクワガタという標準和名しか使用していなかった)。また、季節になれば野山の木の実を摘んで食べた記憶もある。そのため、自身の体験と阪本の記述を比較することが可能だ。そして、両者を比較すると、ひとくちに里山といっても、その内実には、地域による違いがあることも見えてくる。

阪本は、ゲンジと総称していたクワガタ類をクヌギ林で捕まえている。しかし私の実家あたりには、クヌギはほとんどなかった。かわりに虫たちが集まってきたのは、常緑のマテバシイの樹液だった。南房総の里山にはマテバシイの純林ともいえるような林があちこちにある。南房総において、マテバシイは薪炭林としてだけでなく、漁業とのかかわり、とくに東京湾沿岸でさかんだった海苔の養殖の際に使用されるヒビ材(養殖用の網の支柱)として使われることから植栽がさかんになされたのではないかという推論がなされている(盛岡 1999)。また、虫捕りに樹液の出るマテバシイの木を目指す途中の道脇の畑の縁には、ソテツが植えられていた。子ども時代はあたりまえなことで、気にもとめていなかったが、南房総の里山には、畑の脇にソテツが植えられていることが多い。これも阪本の子ども時代に過ごした里山とは異なっている点だ(なぜ南房総の里山にソテツが見られるのかについては後述する)。

また、阪本は子ども時代に食べた木の実の名を列挙しているが、そのうち、私が子ども時代に食べたことがある木の実はクリしかない。私の子ども時代に採って食べた木の実は、まずクワであり、ほかにはアケビ、モミジイチゴ、ヤマモモ、エビヅルといったものだった。子どもたちが食べる木の実のうち、クワなどは人為によって植栽されたものも多いが、それ以外は、植栽されたものではなく、自然に生育した植物を利用している。阪本の子ども時代に口にした木の実は、クリとクサイチゴをのぞけばすべてツツジ科の木の実であり、南房総の里山では、このようなツツジ類が豊富に見られる植生はなじみがないものだ。里山は人為の影響の強い自然環境であるものの、それでも、地域によって、このような植生の違いが見られるわけだ。

1.3 身近な自然とはなにか

私は大学に進学するにあたって、千葉大学の理学部を選び、4年次には植

物生態学の研究室に在籍し、南房総の小さな島をフィールドとして、照葉樹林内における落葉樹の共存様式に関する研究を行った。ただし森林生態をテーマとする研究に携わりながら、自身が研究者には向いていないことに気づかされ、学部卒業後は大学院に進学はせず、就職する道を選択した。職として選んだのは教員であり、就職先は埼玉に新設されたばかりの私立中・高等学校だった。

　教員生活を始めてまず気づかされたのは、一般の中高生は、とりたてて自然には興味がないという、当然といえば当然のことだった。そして理科教員という仕事は、そのような中高生を相手に、どのようにしたら自然を話題にしたやりとりができるか模索するものであるということにも気づかされた。かくて、中高生にとって、身近な自然とはなにかというのが、私にとっての探求の課題となった。

　私の勤務校は、池袋から西武線の急行で50分ほどかかった先の飯能市内にあった。飯能は、関東平野のどん詰まりで、平野は徐々に丘陵となり、やがて秩父の山地へと連なっていく。丘陵地は、スギやヒノキの植林地が多いが、ところどころにクヌギやコナラ、クリを主体とした雑木林が残されていた。川に注ぐ小さな沢沿いの平坦部にはかつて谷戸田が連なっていたが、私が勤務し始めた1985年には、多くの田はすでに休耕田と化していた。すなわち、学校周辺に広がっていたのは、関東地方の典型的な里山の姿であった。マテバシイもソテツも生えていないこの飯能の里山を歩くことで、私は生まれ故郷の南房総の里山がそれとは異質なものであることを、まざまざと実感することとなった。

　この飯能の里山の自然の教材化ということを、埼玉の私立中・高等学校に勤務中の15年間にあれこれ試みてみた（盛口 1997a、1997b、1998 など）。たとえば雑木林の主体となっている、クヌギやコナラは、秋になると大量のドングリと呼ばれる果実を実らせる。クヌギやコナラのドングリは、しぶいため、一般的にはせいぜいコマとして遊ぶぐらいのものだろう。このしぶいドングリの渋抜きをして食べることも試みた（盛口 2001）。

　2000年に思うところがあって、私は埼玉の学校を退職し、子ども時代からのあこがれの地、沖縄島・那覇へと転居することを決めた。2001年からは、那覇のNPO立のフリースクール、2002年以降は大学の教員（当初は非

常勤。2007年より、現在の大学の専任に着任）として、ときにより小学生から大学生までの児童、生徒、学生を対象として理科の授業を行うことを続けている。

　沖縄島に転居したことで、それまで過ごしていた本土との里山とは、いろいろな点で、異なる自然環境の中に身を置くことになった。

　琉球列島の島々は、本土とは生物相の成り立ちも構成も異なっている。

　沖縄島は本州よりもずっと小さな島である。

　那覇は都市化が進んでいる。

　このような違いがあげられる。このため、沖縄島における身近な自然とはなにかということを、あらためて考える必要性に迫られることとなった。

　この問題を強く意識することになった、ひとつのエピソードを紹介したい。

　現在、私の勤務している大学は那覇の街中にある。この大学の近くの中学校で授業をしたときのことである。目の前の中学1年生に、「日ごろ、どんな生きものを見たことがある？」と質問をしてみた。すると、その答えは「イヌ、ネコ、ハト、ゴキブリ、草」というものであったのである。

　この答えは、都市部にはごく限られた自然しか存在しないということを表している。と同時に、現代の中学生にとって、自然は「たとえ目の前に存在しても、気にしなくてもかまわない存在」となっていることも示している。その端的な例が「草」という回答である。都市部でも、道端にはなにがしかの草は生えている。しかし、それらを個々の植物として認識する必要はないということを示しているのが、「草」という回答であろう。やや乱暴にいえば、植物は「草」か「木」程度の認識でも、生活には困らないということである。

　こうした回答に見られる傾向は、なにも沖縄に限らず、全国的な傾向でもあるだろう。ただ、沖縄の場合、いくつかの事情がそれに拍車をかけているように思う。

　ひとつは那覇を中心とする沖縄島南部の都市化が急速に進み、人口増加率も高いため、緑地が少ないということ。

　さらに、台風の襲来することの多い琉球列島の島々では、建物のコンクリート化が進み、居住環境も自然との隔離度が高まっていること。

沖縄島の場合は、毒蛇のハブの存在もまた、児童、生徒の野外体験の機会を減少させるのに働いていると考えられる。

また、沖縄島の郊外に出た場合も、目にするのは一面のサトウキビ畑であり、本土の里山環境を思わせる自然が目に入らない。そのサトウキビ畑に生育・生息する生きものは限られている（水田と違って、水辺環境もない）。

このようなことが要因となって、沖縄島の子ども・若者に自然離れが進行しているように思える。

しかし、沖縄島をはじめとした琉球列島の島々の人々の暮らしが、昔から自然と乖離していたわけではない。じつは、私が沖縄島に転居するきっかけのひとつは、埼玉の教員生活をしながら、年に一度訪れていた西表島で、人々の暮らしと自然（生きもの）とのかかわりが深かったことに気づかされ、まだそのような生活を覚えている話者が存命のうちに、きちんと話を聞いてみたいという思いが生じたからであった。

では、沖縄島をはじめとした、琉球列島の島々の「身近な自然」とはどのような自然なのだろうか。たとえば琉球列島の島々に、里山はあったのか。沖縄島に転居した私には、そのような疑問が頭に浮かぶようになった。琉球列島でも古くから農耕が行われていた以上、里山はあったはずだ。しかし、その様子は、たとえば「クヌギ、コナラを主体とした雑木林に、夏にはカブトムシやクワガタがやってくる」といった本土の里山とは、様相が異なっていただろう。私は、琉球列島の里山が、どのような自然環境だったのかを探ることを試みることとした。

1.4 里山誌とはなにか

自然史または、自然誌という用語がある。

『大辞林　第二版』で「自然史」をひくと、以下のように出ている。

「①弁証法的に発展する自然を歴史的にとらえるマルクス主義の概念。自然は意識や意志の外に独立される。②博物学。ナチュラルヒストリー」

同書では、「自然誌」もまた「博物学」と説明がなされている。そこで、今度は「博物学」をひいてみる。

「自然物、つまり動物・植物・鉱物の種類・性質・分布などの記載とその

整理分類をする学問。特に学問分野が分化し動物学・植物学などが生まれる以前の呼称。また動物学・植物学・鉱物学などの総称。自然誌。自然史。ナチュラルヒストリー」

分類学者である青木淳一も、「博物学、自然史、自然誌、ナチュラルヒストリーの四つは同義語」として扱うことができると書いている（青木 2013）。なお、青木は「自然史」の「史」には、「本来地球上で起こった大小さまざまなことを観察し、"書きとどめておく"という意味がある」としている。そして、「人間界で起こったことを書きとどめるのが"歴史"であり、自然界に存在するものを書きとどめておくのが"自然史"と考えてもよいだろう」としている（青木 2013）。

青木は自然界のことを書きとどめておくものが「自然史（誌）」であるとしているが、生態人類学においては、ヒトという生物を生態学的に研究するという手法を採るため、「人間」に関する記述を扱っていても、「自然誌」というタイトルをつける場合がある。たとえば、京都大学で生態人類学研究室をひきいた伊谷純一郎の退官記念論文集は、『ヒトの自然誌』（田中・掛谷 1991）と銘打たれている。

琉球列島の里山を探ることが本書のテーマである。それにあたって、里山に生息、生育していた動植物を、それらを利用していた人々の側から照らしてみるという手法を採ってみたいと思う。そのためには、人々の歴史や文化的側面も視野に入れて考える必要が生じる。つまり、本書は生態人類学的な意味での「自然誌」の範疇に含まれる書物であるといえよう。ただ、一般の読者にとって、より内容がイメージしやすいものとして、書名を里山誌——里山の生きものと人に関するさまざまな記述——とすることとした。

第2章　琉球列島の自然誌

国頭村・奥の里山風景。集落の周囲の山肌には段々畑が広がっていた（1959年撮影・沖縄県公文書館所蔵）。

2.1 琉球列島の生物相の成り立ち

「セミの声といえば？」
「ミーン、ミーン」
　こんなやりとりを、子どもたちや学生たちと交わしたことが何度かある。沖縄島でのことだ。
　また、沖縄県出身の大学生に、「小さいころよく遊んだ生きものはなにか？」というアンケートをとったところ、複数回答ありという設問条件で、回答者が一番多かったのはセミで、回答者の 41% がその名をあげた。この回答数は、2 位のバッタ（18%）を大きく引き離していた（256 名へのアンケート）。なお、京都府の大学生（153 名。沖縄県出身者をのぞく）で同様の質問をした場合の結果は、1 位がバッタ、イナゴ（28%）で、2 位はダンゴムシ（24%）であった（盛口 2011a）。
　確かに、都市化が進む那覇においても、夏期ともなればセミの声は四方から聞こえてくる。ただし、街中で耳にするセミの声は、シャアシャアと鳴くクマゼミと、ジリジリジリと鳴くリュウキュウアブラゼミの声ばかりだ（近年になって、初夏にジーと鳴くイワサキクサゼミの声をときどき耳にするようになっている）。それどころか、山に行ったとしても、沖縄島では、「ミーン、ミーン」と鳴くセミの声を聞くことはない。それなのに、子どもたちや学生たちが、「セミの声といえば？」と問われて反射的に「ミーン、ミーン」と答えてしまうのは、本土中心のメディアの影響力が強いからだろう（注意してみると、作者は無意識なのだろうが、沖縄県を舞台としたローカルなマンガにおいても、効果音として、背景に"ミーン、ミーン"と描かれているものを何例か目にしている）。セミは種によって鳴き声に特徴があるため、沖縄島でも、かつてその鳴き声に合わせて、クマゼミをサンサナー（鳴き声をサン、サンと聞きなして）、リュウキュウアブラゼミをナービカチカチ（鳴き声が、鍋の汚れを包丁でかき落とす音に似ているため）と呼ばれていた。
　私が子ども時代に過ごした南房総の里山では、ミンミンゼミのほか、アブラゼミ、ニイニイゼミ、ヒグラシ、ツクツクボウシの声を聞いたが、クマゼミはせいぜい一夏に 1 匹、声を聞くか聞かないかというものだった。このよ

うに地域によって、耳にするセミの声は異なっている。

　日本からは36種・亜種のセミが知られている（たとえば、本土のヒメハルゼミと大東諸島のダイトウヒメハルゼミは種は同一だが亜種関係にあるので、それぞれ別種として数えた数値）が、沖縄県だけでも、そのうち約半数にあたる19種ものセミが知られている（林 2006）。くわえて、鹿児島県に属する奄美大島には、沖縄島には見られないヒグラシがいるし、琉球列島北端部の屋久島に目を向ければ、沖縄島のセミと共通する種類として、クマゼミ、クロイワツクツク、ニイニイゼミが見られるものの、沖縄島だけでなく、沖縄県全域を通して見ることのできないアブラゼミ、ヤクシマエゾゼミ、ヒメハルゼミ、ツクツクボウシといったセミの種類が生息している（中尾 1990）。けっきょく、琉球列島には24種・亜種のセミがいることになり、これは日本産のセミのうち66.7%にあたることになる。

　次に、沖縄県の中の島どうしでも、セミの種類を比べてみる。沖縄島には、クマゼミ、リュウキュウアブラゼミ、ニイニイゼミ、クロイワニイニイ、クロイワツクツク、オオシマゼミ、クロイワゼミ、オキナワヒメハルゼミ、イワサキクサゼミと合計で9種のセミがいて、石垣島にもクマゼミ、ヤエヤマクマゼミ、ヤエヤマニイニイ、イシガキニイニイ、イワサキゼミ、イワサキヒメハルゼミ、イシガキヒグラシ、ツマグロゼミ、イワサキクサゼミと合計9種のセミがいるものの、同一の種類はクマゼミとイワサキクサゼミの2種にすぎない。

　セミの成虫には翅があるため、飛んで移動はできるものの、体の大きなセミは島から島へといった遠距離を飛ぶことが得意ではない。また、幼虫は地中で植物の樹液を吸う生活をしているため、幼虫期に流木などとともに海流によって流されほかの島に移動することもできない。そのため、琉球列島においては、八重山諸島と沖縄諸島、大隅諸島など、離れた島どうしでセミの種類を比べると、大きな違いが見られることになる（林 2006）。このようなセミの種類相の違いは、琉球列島の成り立ちに起因しており、セミ以外の生きものにおいても、同様の傾向が見られる。

　第1章で、琉球列島の範囲について明らかにした。この琉球列島は、生物地理学上からは、北琉球、中琉球、南琉球に区分される（図1参照）。琉球（南西）諸島のうちの大東諸島は今まで、ほかの陸地とつながったことのな

い海洋島であるが、琉球列島は海水面の変動や土地の隆起によって本土や台湾と地続きになった地史を持つ。ただし、トカラ列島のうちの悪石島と小宝島の間のトカラ海峡および、沖縄諸島に属する慶良間諸島と宮古諸島の間の慶良間海峡は水深が 1000 m 以上と深く、この何十万年という地質学的スケールにおける海水面変動では、海峡を間にはさんだ島どうしが陸続きになることがなかったと考えられていて、これらの海峡の存在が、北琉球、中琉球、南琉球の生物相の相違の要因として大きく働いている（皆藤 2016）。たとえば沖縄島や奄美大島には、有名な毒蛇、ハブがいる。同じ中琉球に区分されるトカラ列島の宝島にはトカラハブが生息しているが、トカラ海峡を越えた屋久島などの島々には、ハブの仲間は生息していない。かわりに屋久島には、本土でも見ることのできるマムシが生息している。また、南琉球に目を転じると、石垣島や西表島では、サキシマハブを見ることができる。

　陸生のヘビは、長い距離、海を渡ることができず、海洋島にはヘビ類は分布していない。すなわち、琉球列島に生息するハブを含めたヘビ類は、大陸や本土と陸地がつながった時代に島に分布を広げたものだと考えられる。ハブ類の分布を見ると、トカラ海峡が障壁となり、それ以北に分布を広げられていない。しかし、ハブ類の遺伝子の研究から、南琉球のサキシマハブは台湾のタイワンハブに近縁であるという結果が出たものの、沖縄島や奄美大島のハブはサキシマハブとはそれほど近縁ではなく、中国大陸のナノハナハブに近縁であるという結果が出ている（Tu *et al.* 2000）。こうしたことから、慶良間海峡の成立による、中琉球と南琉球の生物相の分断も、それまで考えられていたよりも昔にさかのぼり、それぞれの島々の生物相とその出自は、かなり異なっていると考えられるようになっている。ただ、生物の種群によっては、慶良間海峡をはさんだ沖縄島と宮古島の生物種どうしが近縁であるという結果も出ており（皆藤 2016）、琉球列島が、いつどの時代にほかの陸地と接続または分断し、現在見られる生物相の祖先がどのように渡ってきたかについては、まだわかっていない点が多い。面積・資源の限られた島の場合は、島に到達した後も、なにかが原因で絶滅がおこる場合がありうる。中琉球の奄美大島・徳之島に固有のアマミノクロウサギは、同じ中琉球の沖縄島では見ることができないが、化石としては見つかっていて、沖縄島ではなんらかの原因で絶滅したものだと考えられる（山田 2017）。

ハブやアマミノクロウサギなど、琉球列島に固有の生きものは数多い。なかでもトゲネズミ属は属としても琉球列島に固有で、奄美大島のアマミトゲネズミ、徳之島のトクノシマトゲネズミ、沖縄島のオキナワトゲネズミと島ごとに種分化が見られるだけでなく、性染色体にほかの哺乳類では見られないような特殊な特徴があるなど、きわめて興味深いネズミたちである（城ヶ原 2016）。琉球列島の生物相については、地球規模で見ても、生物多様性が豊かな地域であり、トゲネズミのように、種分化の歴史を示す固有種や固有亜種が見られるとともに、脆弱な島嶼生態系を反映して、絶滅の危機にあるものも少なくない（トゲネズミ類も、レッドリストの絶滅危惧種に指定されている）。そのため、琉球列島は生物多様性保護上の重要地域とされる（花輪 2016）。

　陸生の爬虫類や哺乳類（コウモリはのぞく）の場合は、このように島がどのようにほかの陸地とつながっていたかということを指し示す例を見ることができるが、鳥によって種子散布がなされる植物のような場合だと、トカラ海峡と慶良間海峡による生物相の分断は、動物ほど明瞭ではない（宮本 2016）。琉球列島の植物相は、東アジア地域と同一、近縁な属が大半を占め、海岸や低地には、東南アジアや太平洋諸島と共通する分類群も含まれている（宮本 2016）。私が小学生のときに、雑誌の誌面で写真を見て驚嘆した巨大なマメは、モダマ属（*Entada*）のマメであり、海流散布をする本種は、東南アジアや太平洋諸島との共通要素の例としてあげることができる。なお、日本産のモダマ属は、屋久島と奄美大島にモダマ（*Entada tonkinensis*）、沖縄島、石垣島、西表島、与那国島にコウシュンモダマ（*E. phaseoloides*）が分布している（半野ほか 2011）。琉球列島の植物相について鹿児島大学の宮本旬子は、「大陸との融合と離脱は一度だけではなく、温暖化と寒冷化が反復し、海流の動きも変化したであろうことを考慮すると、陸路、海路、風や渡り鳥の力を借りて空路で、東西南北から断続的に何回も様々な段階の祖先がたどり着き、幸運に恵まれた一部の分類群が自生するに至ったと想像される」と書いている（宮本 2016）。

　ただし、植物のうちでも、ブナ科の植物は動物によって種子散布を行うため、海を越えて分布を広げることがむずかしく、小笠原などの海洋島にはブナ科は分布が見られない。日本には、ブナ属2種、クリ属1種、シイ属2

種、マテバシイ属2種、コナラ属15種の合計22種のブナ科植物が分布する。北琉球の種子島には、栽培種をのぞくと、このうちコジイ、スダジイ、マテバシイ、イチイガシ、アラカシ、ウバメガシ、ウラジロガシの合計7種が分布する（初島 1991）。一方、中琉球の沖縄島には、スダジイ（オキナワジイ）、マテバシイ、アラカシ（アマミアラカシ）、ウバメガシ（1本しか知られていないので、植栽された可能性も考えられる）、ウラジロガシ、オキナワウラジロガシの6種が分布する。南琉球の西表島にはスダジイ（オキナワジイ）、アラカシ（アマミアラカシ）、オキナワウラジロガシの3種が分布している。いずれも、本土のブナ科と比べると、種数は少ないといえる。比較のため、台湾のブナ科の種数をあげると、ブナ属1種、シイ属10種、マテバシイ属14種、コナラ属18種（植栽されたクヌギをのぞく。ただし、残る18種のうちに含まれるナラガシワは、在来か移入かはっきりしていない）の合計43種となる（楊ほか 2014）。琉球列島の島々のブナ科の種数は、本土だけでなく、台湾と比べても著しく少ないということができる。琉球列島にブナ科の植物の種類が少ないのは、気候変動などにより生育環境に変動が起こった場合、面積が小さな島では絶滅が起こりやすく、また、島の場合は、絶滅した後に再侵入することもむずかしいことが理由ではないかと考えられている（大野 1997）。

2.2 高島と低島

　私の在職している大学に通う学生のおよそ9割以上は、県内出身の学生である。ある日のゼミで、「ドングリを拾ったことがある人はどのくらいいる？」と手をあげてもらったことがある。すると、10名以上いた学生のうち、手をあげたのは、本土出身の学生、1人であった。

　前節に書いたように、琉球列島の島々においても種数は少ないながら、ブナ科の植物は分布する（宮古島のように、ブナ科の植物がまったく生育していない島もある）。それなのに、ドングリを拾ったことがない学生が大半を占めるのは、沖縄島において、人口の大半が居住する沖縄島中南部（当然、この地域出身の学生が多い）には、ドングリをつけるようなブナ科の木が身近で見ることがなかなかないからだ。沖縄島の中南部は、やんばると呼ばれ

表1 もっとも身近な木（沖縄県出身学生）（盛口 2011a より）

ガジュマル	112 名	(58.9%)
デイゴ	17 名	(8.9%)
マツ	13 名	(6.8%)
サクラ	8 名	(4.2%)
モモタマナ	7 名	(3.7%)
ヤシ	5 名	(2.6%)
クワ	3 名	(1.6%)
クロキ*	3 名	(1.6%)
クス	2 名	(1.1%)
フクギ	2 名	(1.1%)
バンシルー**	2 名	(1.1%)
カキ	2 名	(1.1%)
ツツジ	2 名	(1.1%)
その他***	12 名	

複数回答あり
沖縄・県内出身大学生190名のアンケート結果
　*　　リュウキュウコクタン（ヤエヤマクロキ）
　**　　バンジロウ（グァバ）
　***　各1名ずつの回答・イヌマキ、ミカンなど

る北部に比べ、平坦地が多く、古くから耕作地が多い。くわえて、沖縄戦によって、焦土と化した歴史も重なる。それだけでなく、地質条件が関係していることも考えられ、沖縄島中南部に広がる石灰岩地が、ブナ科の生育に好適ではない可能性がある。ただし、アラカシの亜種にあたるアマミアラカシの場合は、沖縄島北部においても石灰岩地でよく生育が見られ、現在の沖縄島中南部の石灰岩地では、唯一といってよいほど目にする機会のあるブナ科の植物となっている。このアマミアラカシも、石灰岩地ならどこでも生えているというわけではなく、群落が見られる場所は限定的である。そのため、沖縄中南部出身の学生は、ドングリにあまり、なじみがない。

　沖縄県の大学生と、京都府の大学生それぞれに、「もっとも身近な木はなにか？（複数回答あり）」というアンケートをとった結果が表1および表2である。これを見てわかるように、沖縄県の大学生の回答にはブナ科の木は登場しなかったが、京都府の大学生の回答の5位にブナ科のナラ・カシ類があがっている。また、沖縄県の大学生に「次に示す木について、①見たことがある、②名前は知っている、③知らない、のいずれであるか」というアンケートをとった結果では、ガジュマルを「見たことがある」と答えた学生が全

表2 もっとも身近な木(本土出身学生)(盛口 2011a より)

サクラ	44名	(28.8%)
イチョウ	30名	(19.6%)
スギ	23名	(15.0%)
マツ	13名	(8.5%)
ナラ・カシ類	12名	(7.8%)
カエデ類	7名	(4.6%)
クス	7名	(4.6%)
キンモクセイ	6名	(3.9%)
ヒノキ	4名	(2.6%)
シイ	2名	(1.3%)
カキ	2名	(1.3%)
ヒイラギ	2名	(1.3%)
ヤナギ	2名	(1.3%)
サルスベリ	2名	(1.3%)
クリ	2名	(1.3%)
その他	11名	

複数回答あり
京都府・大学生153名(沖縄出身者をのぞく)のアンケート結果

体の97%であったのに対し、シイを「見たことがある」と答えた学生は、わずかに5%にとどまった(シイについては「知らない」という学生が66%を占めた)。

　しかし、沖縄県出身の学生の中でも、たとえば久米島出身の学生の場合は、子ども時代にドングリを拾った経験があることを話してくれる。このように、琉球列島の島々は、島によってブナ科の木が身近であるかどうかに違いがある。

　おおざっぱにいえば、ブナ科の見られない島は、石灰岩の多い、平たい、山や森、川が見られない島であり、ブナ科の見られる島は、非石灰岩質の地質からなる、山や森、川の見られる島であるといえる。このような琉球列島の島の違いを、大きく高島と低島に区分してみる方法がある。自然地理学者の目崎茂和は琉球列島の高島と低島について、次のような定義を行っている(目崎 1985)。

　高島：山地・火山地が存在することが条件であるが、小さい島の丘陵地は山地と考えられるところがあるので、山地・火山地・丘陵地が60%以上の面積を持つ島。

2.2 高島と低島

低島：山地・火山地が存在しない。丘陵には段丘起源のものがあるので、丘陵と台地・段丘と低地で90％以上を占め、高度も200m以下の低平な島。

例をあげると、屋久島は山地が83％、台地・段丘が16％、低地が1％であり、西表島は山地が69％、丘陵が13％、台地・段丘が9％、低地が9％、また小さいながらも渡嘉敷島は丘陵が92％、低地が8％で、これらの島はいずれも高島に分類される。一方、宮古島は丘陵が2％、台地・段丘が90％、低地が8％であり、また竹富島の場合は台地・段丘が100％であり、これらは典型的な低島であるといえる。沖縄島の場合は、山地が15％、丘陵が48％、台地・段丘が26％、低地が11％と、全体として高島に分類されるものの、数値からわかるように低島的な要素も多い島である（目崎 1985）。沖縄島の場合、中南部は低島的、北部は高島的であると、地域に分けて見たほうがよいであろう。

サンゴ礁地理学を専門とする中井達郎は、高島と低島の大きな相違点として、隆起サンゴ礁の存在を指摘している。隆起サンゴ礁は約70万-80万年前に形成されたサンゴ礁が陸地化した台地である（目崎は台地を砂礫と石灰岩に分けている。この石灰岩台地が隆起サンゴ礁にあたる）。中井は、島の頂部まで隆起サンゴ礁が存在する（つまり過去に島のすべてが海面下に没していて、サンゴ礁が形成された時期のあったことを示す）島が低島であるとしている（中井 2016）。ただ、この定義にしたがうと、目崎では低島に分類される沖永良部島は、低島として分類できないことになる。沖永良部島は丘陵地6％、台地・段丘（すべて石灰岩）が98％、低地が1％で、これらの数値の割合からすれば、低島に分類される（目崎 1985）が、最高標高246mの大山の頂部一帯は、塩基性火山岩類からなっており、頂部まで隆起サンゴ礁には覆われていないからである。沖永良部島の地質図を見ると、かつて沖永良部島は小さな島で、その周囲に発達したサンゴ礁ごと隆起したと考えられる。そのため、現在の沖永良部島は、かつて島だった山頂部のみ非石灰岩質で、島の周囲に発達したサンゴ礁起源である石灰岩の台地が、島の9割を占めている。こうして見ると、沖永良部島は頂部こそ隆起サンゴ礁に覆われていないが、島の大部分は石灰岩に覆われており、やはり低島として分類するのが適当であろう。以上のことから、本書では、高島、低島の分類は目崎

図3 沖永良部島の湧水地

による分類に準拠するものとする。

　ただし、中井の低島と隆起サンゴ礁の結びつきの重視についてはやはり注目する必要がある。それは、島の地質は、島での人々の暮らしに必需である水とのかかわりが深いからだ（中井 2016）。地質が隆起サンゴ礁からなる場合、石灰岩は多孔質であるため降雨は地下に浸透し、地下の不透水層にいきあたると、地下水流となって流下する。たとえば低島的な沖縄島南部には、段丘の石灰岩と不透水層にあたる粘土質の地層との境界面から地下水が湧水として湧き出す場所がしばしば見られ、かつては集落の共同の水場として利用されてきた。低島に分類できる沖永良部島の場合は、弱酸性の雨水の溶食作用によって地下に流水の見られる鍾乳洞が発達しており、集落近くに、そのような鍾乳洞の開口部が見られる場合、かつては洞内に降りて水を汲むことが日常的に見られた。このように、隆起サンゴ礁からなる石灰岩台地の占める割合の多い低島の場合、地下水系が発達し、人が水を利用する場合も、地下水系とのかかわりが大きかった（図3）。一方、非石灰岩質からなる高島の場合、降雨は地表を河川として流下する。

島におけるシダ植物相も、低島と高島の区分と相関関係にある。地下水系の発達する低島では、湿潤な環境を好むシダ植物相は貧弱になりやすいためである。種子植物に対するシダ植物の割合（シダ係数）は、数値が高いほど、シダの生育に適していることを示す（より湿潤環境が存在することを示す）。たとえば高島の奄美大島のシダ係数は 3.83、沖縄島は 4.05、西表島は 3.87 となる。これに対し、低島の与論島のシダ係数は 1.48、宮古島は 1.14、竹富島は 1.3 という数値となっている（横田 2015）。なお、沖永良部島のシダ係数は低島でありながら 3.02 と高い（横田 2015）。沖永良部島は、低島の中では、やや特殊な島としてとらえたほうがよさそうである。

興味深いことに、八重山では、昔から、人の住む島をヌングン島とタングン島の2種類に分ける習慣がある（安渓 2007）。ヌングンとは野国、タングンとは田国を意味し、それぞれ畑作が中心であった島と、稲作が中心であった島を指し示す。地下水系の発達する低島では、田んぼをつくり、稲作を行うのがむずかしかったため、ヌングン島と呼ばれるようになったのである。すなわち、タングン島は高島ということになる（竹富島はヌングン島で、西表島はタングン島と呼ばれた）。

なお、永年、西表島をフィールドとしてきた生態人類学者の安渓遊地は、ヌングン島とタングン島を紹介するにあたって、マラリアとのかかわりを指摘している。八重山でヌングン島と呼ばれた島々はマラリアの無病地であるが、タングン島と呼ばれた島のうち石垣島と西表島はマラリアの有病地（残る与那国島は劇症にならない三日熱マラリアは存在していた）であった（安渓 2007）。低島が無病地であったのは、マラリアを媒介するカの幼虫（ボウフラ）が生息するような河川が低島には存在しなかったためである。

熱帯熱マラリアは、西表島においては16世紀のころに外国船が漂着してから島に広がったという口碑がある（安渓 2007）。

明治 26（1893）年、青森県の弘前を出発し、奄美・沖縄の島々をつぶさに見て回り、後に『南嶋探験』を世に出した笹森儀助は、出発のときの心情を次のように書き記している。

「此行二大危害ノ前路ニ横ハルアリ。何ソヤ。毒蛇ノ螫喫也、瘴癘毒ノ感染也。此二毒ヲ蒙ルトキハ其生ヲ全フスル者寡シ。余ハ已ニ決死ノ上途ナレハ外貌強テ壮快ヲ装フモ内実生別死別ヲ兼ネ血涙臆ヲ沾ス」（笹森 1982）

この2つの毒のひとつはハブで、もうひとつが、八重山でフーキと呼ばれ、その当時はまだ風土病と思われていたマラリアだった。笹森自身はマラリアに罹ることはなかったが、笹森の記録には、有病地の惨状の一端が書き表されている。たとえば西表島・高那村の枝村にあたる野原村（いずれも現在は廃村となっている）の人口は12人。うちわけは男性が9名で女性が3名であったため、なぜ他村から女性を迎えないのかと笹森が村長に問うたところ、その答えは「有病地ノ故ヲ以テ、来レハ死スルト為ス。故ニ無病地各嶋ノ婦人ニシテ、誰一人来ルモノナシ」というものであった。また、同じく西表島の古見村は、宝暦3（1753）年の記録には人口が767名とあるのにもかかわらず、笹森が訪れたときには人口が142人にまで減少していた。実際、笹森が村内を歩くと、80戸以上もの家の跡が見られた（笹森 1982）。フーキがマラリアだと明らかになるのは、笹森が八重山を訪れた1年後、1894年のことになる（琉球新報社 1999）。マラリアは第二次世界大戦後になって、ようやく八重山から絶滅するのだが、戦時中は軍の命令による強制疎開によって、大きな被害が出ている。無病地である波照間島の村民は、全員、有病地である西表島東部に疎開がなされ、ほぼ、全員が罹患、死亡率が30%にも上った。八重山全体では、この「戦争マラリア」により、死者は3647名にも達している（琉球新報社 1999）。

2.3　琉球列島の農耕と社会の歴史

知人である生態人類学者の竹川大介さんによると、バヌアツの結婚式では、新郎・新婦、それぞれの紹介が15代前の先祖にさかのぼって行われ、そのための口伝を語る専門の人がいるのだという。このように、人はなんらかのかたちで歴史を後世に伝えようとしてきた。しかし、すべてを伝え残すのは不可能である。バヌアツの例でも、新郎・新婦に赤ん坊が生まれれば、その子どもの結婚式の際には、父親・母親の結婚式で紹介された15代前の先祖は16代前に数えられるためにリセットされる。史書として歴史が書き残される場合であっても、多くは王の系譜が正史として残されるのみであり、庶民の歴史までは残されない。そのため、琉球列島の里山がいつ、どのようなかたちで形成されてきたのかをさかのぼることは、容易ではない。

明治時代の西表のマラリア禍について、旅行者である笹森儀助の記録が貴重なものとして利用されるように、しばしば、旅行者は当地にとって「あたりまえ」なものとして記録されずに消える運命にあったものを、「記録すべきもの」として書き残す場合がある。15世紀の琉球列島の記録も、そのような旅行者の手によって、偶然、残されることとなった。

　1477年の2月、ミカンを積んで出帆した済州島民を乗せた船が暴風にあって、吹き流される。14日後、ようやく島を望むが、船が沈み、溺れずに生き残った3名のみが島人に救われて上陸した。もちろん、朝鮮から漂流した3人は、そこがどこであるか知る由もなかったが、これは今でいう与那国島であった。彼らは与那国島に6カ月滞在した後、島から島へ送られ、さらに半年かかって沖縄島に着き、そこから日本を経由して故国に戻ることができ、島々で体験したことを語った話が、ときの朝鮮王府によって記録されたのである（伊波 1973）。

　朝鮮の漂流民と島人は相互に会話が通じたわけではなかったが、半年滞在するうちに、おおまかな意思の疎通はできるようになったのだという。そして、島人の呼ぶ、島の名前も、記録されている。それによって、彼らがどのような島々を経由して与那国島から沖縄島までたどり着いたかもわかっている。彼らは、与那国島から西表島、波照間島、新城島、黒島、多良間島、伊良部島、宮古島を経由し、沖縄島にたどり着いている。また、それぞれの島々における人々の暮らしも、おおまかに語り残しており、これが500年前の八重山の島々の様子を知るうえでのたいへん貴重な資料となっている。

　たとえば、最初にたどり着いた与那国島については、「島人は朝鮮人と似ている。耳に穴をあけ、小さな青い珠を通したものを垂らしている。また男女とも裸足である。食物にはもっぱら米を用いる。粟はあるが、あまり好まない。米をつけて臼でつき、餅として、シュロの葉のような大きな葉につつみ、藁で束ねて煮て食べることがある。麻や木綿はない。カイコも飼わない。ただ苧（からむし）を織って布にし、藍で染めてある。牛、ニワトリ、ネコを飼っているが、牛やニワトリの肉は食べない。山には材木が多い。水田では12月中に牛に踏ませて種をまく。稲穂を刈り取った跡から、また根茎が生える（等々）」（伊波 1973）といった内容のことを、朝鮮に戻ってから語っている。

表3 15世紀の漂流民の記録に見る、各島の主要穀物と、それらの島の地形分類

島名	主要穀物	石灰岩の割合	高島・低島
与那国島	稲 粟（粟は好まず）	41%	高（低）
西表島	稲 粟（稲の1/3）	7%	高
波照間島	（稲はない） 黍・粟・麦	100%	低
新城島	（米は西表から） 黍・粟・麦	100%	低
黒島	（米は西表から） 黍・粟・麦	100%	低
多良間島	稲（麦の1/10） 黍・粟・麦	96%	低
伊良部島	（稲はない） 黍・粟・麦	85%	低
宮古島	稲 黍・粟・麦	90%	低

（＊石灰岩の割合と、高島・低島の分類は目崎1985による）

　この記録の中で、里山との関連でとくに注目したいのは、主食としてなにを食べていたかと、材木を利用できたかという記録である。漂流民のたどった島における、主食となっていた作物について表にまとめた（表3）。これを見ると、低島ではおもにキビ、アワ、オオムギを穀物として栽培し、高島ではイネが栽培されていたことがわかる。まさに、低島＝ヌングンジマ、高島＝タングンジマという図式があてはまる。ただし、低島でも面積の大きかった宮古島では稲作が行われていた。また、与那国島の話にあるように、アワより米が好まれ、米のつくれない波照間島や新城島などの場合は、米を西表島から得ている。低島の場合は材木を得ることもむずかしいため、同様に高島に行く必要があった。例外として、低島の中でも宮古島と伊良部島には材木に使えるような木が生えていた。

　15世紀の八重山では、すでに農耕が行われていたこと、低島と高島では主要な栽培穀物が異なっていたこと、低島で得られない資源（米、材木）は、そのような資源のある島から資源の導入が行われていたこと、などがわかる。

沖縄へのサツマイモの伝来は1605年、野国総管が中国からサツマイモの苗を持ち帰ったことに始まるとされている（新城 1994）。そのため、漂流民の記録には、まだサツマイモは登場していない。また、漂流民のたどったコースを見てみると、八重山の主要な島である石垣島に立ち寄っていないことに気づく。この理由を、当時、石垣島には沖縄島の琉球王府と対立する勢力が存在していたため、漂流民を石垣島経由で送り届けることを避けたのではないかと推測することもできる（安渓 2007）。事実、琉球王府が石垣島のアカハチ・ホンガワラの乱を平定したのは、漂流民が島々をたどった二十年余後の1500年のことであり、さらに勢力を伸ばして与那国島までもその領土に組み込むのは、1510年のことになる（新城 1994）。

　では、そもそも琉球列島で農耕の始まったのはいつにさかのぼるのだろうか。琉球列島は、生物地理からは北琉球、中琉球、南琉球に区分できることをすでに紹介したが、琉球列島の文化圏も、ほぼこの区分と重なるように南島北部圏、南島中部圏、南島南部圏に区分されている（高宮 2014）。このうち、南島中部圏（奄美・沖縄諸島）の場合の歴史を概観すると、紀元前3万-8000年が旧石器時代で、その後、土器をともなう貝塚時代（前期が紀元前5000-600年ごろ、後期が紀元前600年-11世紀後半から12世紀）とされ、その後にグスク時代を経て琉球王国の時代へと続く（高宮 2014）。すなわち琉球列島の場合、貝塚を形成するといった、本土では縄文時代にあたるような狩猟採集を行う生活が11世紀過ぎまで続いたことが大きな特色である。農耕の始まりは、グスク時代になってからという説と、貝塚時代の後期にはすでに始まっていたという説があったが、琉球列島の人類学・先史学を専門とする高宮広土は、遺跡に含まれる植物遺体の解析から、奄美諸島では9世紀から農耕が始まり、10-11世紀には農耕が生業の中心となったとしている。また、沖縄諸島は奄美大島より若干農耕の始まりは遅れたものらしく、今のところ見つかっている証拠からは11世紀に農耕が行われていたことが確認されている。なお、農耕の始まった時代にあたる喜界島の遺跡からはオオムギ、コムギ、イネ、アワといった植物遺体が検出されたが、そのうちイネは主ではなく、一方、同時期の奄美大島の遺跡からは大量のイネと少量のオオムギ、キビ、アワの植物遺体が発見されている（高宮 2014）。琉球列島の農耕の起源にさかのぼっても、隆起サンゴ礁からなる低島の喜界島におい

ては畑作が中心であり、高島の奄美大島においては稲作が中心であったわけである。

　なお、南島南部圏の八重山諸島の農耕の始まりは沖縄島よりもずっと遅れ、14世紀ごろとされている（新城 1994）。一方、南島北部圏の種子島の場合は、古くから稲作がさかんであることは『書記』の天武天皇10年（681年）の項に記載があるとされ、さらにさかのぼって出土した弥生式土器に籾の圧痕が残っているともいう（下野 1982）。

　農耕が始まったことで、琉球列島の島々も複雑な社会構成が発達し、群雄割拠のグスク時代を経て、1429年、尚巴志が沖縄島を統一し、琉球王国が始まり、先に少しふれたように1510年には与那国島までを勢力範囲に収めることに成功する。奄美諸島はそれよりも早く、1466年には琉球王国の体制下に組み込まれている。ただし、琉球王国は1609年、薩摩の侵攻を受け、奄美諸島を割譲するとともに、以後、実質上は島津の統治を受けることになる。以後、薩摩の直轄領となった奄美諸島においてはサトウキビの増産が強制されるとともに、琉球王国も薩摩への貢物を納めることに苦しめられ、それは直接的には農民への重税というかたちになって現れた。とくに先島諸島は人頭税という、15-50歳までの男女1人1人に定額の税を課すという、きわめて厳しい制度下に置かれることとなる。人頭税は1637年に制度化され、さらに1659年には人口の変動にかかわらず毎年の納税額を一定とする定額人頭税となった。この人頭税は、明治の琉球処分以後も続き、廃止されたのは、じつに明治36（1903）年になってのことである。

　広い遊動圏を必要とする狩猟採集民は、島に定着するのは困難であると考えられる。そうした点から、長い貝塚時代を通じて琉球列島に人が住み続けられたことは、世界的に見てもたいへんに興味深い例であることを高宮は指摘している（高宮 2014）。農耕は、島への定着をより容易にするものの、そうであっても、限られた資源と面積しか持たない島において、持続可能な生活を続けることは、やはり困難をともなう。薩摩侵攻後の琉球王国では、薩摩への貢租支出のためもあり、新田開発が進められ、耕地面積は倍以上に拡大した。また、砂糖の増産、海上交通や漁業の発達にともなう船舶の造船などで、大量の材が必要となった。同時期に人口も増え、これにともなって、建築材や燃料としての材の需要も増えたことも、森林資源を圧迫する要因に

加わった。そのため、沖縄島では森林資源の減少や、それにともなう土壌流失などの環境劣化が起こったと考えられている（三輪 2011）。この環境劣化の進行を食い止めたのが、1728 年に王国の最高行政官である三司官となった蔡温であった。蔡温は土壌保全策を含む、島の環境に適合した農業技術の普及（農書の発行）や、森林保全策の策定（杣山制度の確立と、関連する諸制度の整備）を行った（三輪 2011）。杣山は、王府のもとにある林でありつつも、管理を地域に任せ、そのかわりに採伐権を与えたという、実質、地域にとって入会地と呼べる林であったため、琉球処分後をはるかに超えた 1960 年代後半まで、「極めて有効に機能し続けた」（三輪 2011）。すなわち、琉球列島の里山を見ていくとき、上記のように薩摩の侵攻による島々の分断、薩摩領土内における砂糖増産の強制、琉球王国内における人頭税の導入や、杣山制度の策定の影響といった歴史的側面を考慮する必要があるだろう。

第3章　琉球列島の里山

脱穀の風景（渡嘉敷島）。1960年代以前は、周辺離島も含め沖縄島各地に田んぼが広がっていた（1960年撮影・沖縄県公文書館所蔵）。

3.1 歌に見る自然と歴史

2000年に私が沖縄に転居したとき、私にはまだ、沖縄島の里山の実態を解明しようという課題意識は明確ではなかった。沖縄に転居をしたばかりの私にとっての興味は、八重山の人々にとっての自然利用はどのようなものだったか知りたいということであった。その中のひとつのテーマがジュゴンに関することだった。

私は大学卒業後、埼玉の私立中・高等学校の教員になるが、教員になってからは、毎年のように西表島を訪れるようになった。そして、島に通い続けるうち、当時定宿としていた、西表島東部・大原にある1軒の民宿のご主人が、新城島出身（新城は狭い海峡をはさんだ上地、下地の2島からなるが、そのうち上地島出身）であることに気づいた。この新城島は、琉球王国時代、ジュゴン猟で知られた島であることを、私はそれまでに聞いたことがあった。

八重山では、ジュゴンをザンと呼ぶ。

「ザンは尾びれでよ、船までひっくり返すらしいさ。そこで網にかかったザンを、力のある者が海に飛び込んで、するどい刀で尾を切るらしい。命がけさ」（盛口 2003）

新城島出身であるH.O.さんは、このような話を語ってくれた。ただし、H.O.さん自身は、ジュゴンを見たことはないとも付け加えた。

2000年に沖縄に転居した私は、もう少しきちんとこのことについて話を聞くべく、西表島に渡島した。そして、H.O.さんから、ジュゴン猟の様子をうたいこんだ歌が、今も新城島の行事である節祭においてうたわれているということと、実際にその歌がどのような歌詞と曲であるかを教えていただいた。

ジュゴン猟をうたいこんだ歌は「マージャミヤラビ」と題されている。漢字で表記すると真謝美童であり、ジュゴン猟が行われた、石垣島・真謝の乙女たちという意味である。マージャミヤラビは、音頭取りと太鼓うちを中心にして、人々が何重かの円をつくって、歌に合わせて踊る巻き踊りの際にうたわれるものである。その歌詞は以下のようなものである。

3.1 歌に見る自然と歴史

1・マージャミヤラビヌヨメ　（はやし）ショーレーノガナシ（以下、はやしは略）
　訳「真謝の乙女がね」
2・セーカーミヤラビヌヨメ　「四箇(しか)（石垣島の中心地を表す）の乙女がね」
3・シルビヤマバマーリアラキヨメ　「防潮林を歩き回って」
4・アダニヤマバマーリアラキヨメ　「アダン林を歩き回って」
5・ユナカジユパギドーショメ　「ユナ（オオハマボウ）の木の皮を剥ぎ取って」
6・アダナシバユキリドーショメ　「アダンの気根を切り取って」
7・ミーカーブショサラショーリヨメ　「三日干して日にさらして」
8・ユーカブショサラショーリヨメ　「四日干して乾燥させて」
9・サギナサギヨミリバドヨメ　「（木の皮や気根の繊維を）裂く人は裂いてみたら」
10・ナギナナギヨミリバドヨメ　「縄をなう人がなってみたら」
11・ウフミアンバクヌミヨーリヨメ　「大きな網目の網をこしらえて」
12・ヤスミアンバクヌミヨーリヨメ　「適した網目の網をこしらえて」
13・マイドマーリニウルショーリヨメ　「前の浜に下ろして」
14・イショドマリニウラショーリヨメ　「漁港に下ろして」
15・イショフニニヌヨショーリヨメ　「猟をする舟に乗せて」
16・ナラフニニヌユショーリヨメ　「自分の舟に乗せて」
17・コギナコゴヨミリバードヨメ　「漕ぎに漕いでみたら」
18・オシナオショミリバドヨメ　「櫂を漕いでみたら」
19・マージャフチユマーリアラキ　「真謝口*を歩いてみたら」
20・セーカーフチユマーリアラキ　「四箇口を歩いてみたら」
21・タテナタテヨミリバドヨメ　「（イノーの中に）網をはってみたら」
22・スユピサショミリバドヨメ　「潮が引くのを待ってみたら**」
23・ザンヌミユトユトルンテヨメ　「ジュゴンの夫婦を獲ろうと」
24・カミヌミユトユトルンテヨメ　「カメの夫婦を獲ろうと」

（上記の歌は、H.O. さんから複写していただいた歌詞を書いた新城古謡保存会による手書きの資料をもとにし、訳に関してはH.O. さんの話、それ

と私の解釈を加え資料のものを改訂している）。
＊口：リーフの切れ目を口という。そこからイノー（リーフ内の浅瀬）に舟を乗り入れることができる。また、ジュゴンも外洋から口を通してイノーに入り、イノー内の海草を食べた。
＊＊：ジュゴンは満潮時にイノーに入り、海草を食べ、潮が引く前にイノーから外洋に出ていく。おそらく、満潮時に網を仕掛け、潮が引いてジュゴンがイノーから出ようとするところを捕獲したということではないかと思える。
＊＊＊：なお、上記の歌詞は、ジュゴンを捕獲する瞬間に至っておらず、本来は、さらに続く歌詞が、現在は中途で終わっていると解釈できる。H. O. さんの聞き取りにもあるが、網で追い詰めたジュゴンの尾の付近を、大きな斧によって傷つけることで行動を不能にして獲ったという記録が残されている（盛本 2014）。

　このジュゴン猟の歌が、なぜ新城に伝わっているかというと、前章で取り上げた人頭税と関連がある。
　ジュゴンは、海牛目に属する海草を餌とする海生哺乳類である。インド洋および太平洋西岸の熱帯、亜熱帯の沿岸部に生息しており、かつて琉球列島においては、八重山諸島から奄美諸島にかけて見ることができたが、現在は沖縄島北部沿岸に、わずかな個体数が生き残っているだけにすぎない（大泰司 2015）。琉球王国は先島の人々に人頭税を課したが、これには、正租として男性は米（島によっては粟）、女性は布をどのくらい納めるかが定められており、それ以外にも上木税と呼ばれるさまざまな産物を納める税と、労役提供（労役のかわりに米で代納するものもある）が定められていた（新城 1994）。西表島に隣接する新城島の場合、この上木税として定められていたのが、ジュゴンの干し肉や干した皮であった。
　ジュゴンは琉球列島では、古くから食用として利用されてきた。新石器時代以降の遺跡や貝塚より見つかっているジュゴンの骨は、日本全体で、2014年までに115遺跡13地区から知られているが、このうち本州と九州からそれぞれ1カ所ずつが見つかっている以外は、すべて琉球列島の遺跡、地区から見つかっているものである。また、そのうちわけを記すと、薩南諸島3遺

跡、奄美諸島5遺跡、沖縄諸島88遺跡13地区、宮古諸島6遺跡、八重山諸島11遺跡となる（盛本 2014）。

　このようにかつては琉球列島の島に住む人々が、それぞれにジュゴンを捕獲し、食用に利用していたようであるが、琉球王国時代になると、八重山においてはジュゴンの捕獲は新城島の島民に限られ、捕獲したジュゴンを御用物として上納する仕組みが定められた。しかし、明治の琉球処分以後、このような王府によるジュゴンの捕獲統制は失われる。そのため、八重山ではジュゴンの乱獲が起こり、この地域からジュゴンは絶滅してしまったと考えられている。統計書に残された数値などから、明治26（1893）年から大正5（1916）年までの間に、沖縄諸島において60頭、宮古諸島において25頭、八重山諸島において247頭ものジュゴンが捕獲されたと推定されている（当山 2011）。

　私は、現在は八重山では姿を見ることができないジュゴンについての歌が、現在まで伝承されていることに、強い興味を覚え、H.O. さんから歌を教えていただいたのである。同時に、私は、もう1曲、新城に伝わる興味深い歌も H.O. さんから教えていただくことができた。それは、河口部の汽水域に発達するマングローブの生態をうたいこんでいるという、たいへんユニークな内容の歌詞を持つ歌である。

　「ヨルカヨレ」と題されているこの歌も、節祭の巻き踊りとしてうたわれるものである。

1・ヨルカヨレ　キユガピバムトバシ　ヨルカヨ
2・ヨルカヨレ　ウルジンヌナルタ　ヨルカヨ
3・ヨルカヨレ　パイカジヌウシュタ　ヨルカヨ
4・ヨルカヨレ　フナバイヌサシュタ　ヨルカヨ
5・ヨルカヨレ　パナヨバナチクサ　ヨルカヨ
6・ヨルカヨレ　ナリヨナリナルサ　ヨルカヨ

　＊以下、24番まで続く。大意としては「ウリズンの季節、若夏の季節がきた。南風が吹き、ヒルギの花が咲き、実がなった。やがて花が落ち、実が落ちて、水の上に浮いた。引き潮に乗ってリーフの口に出て行って、白波にもまれた。満ち潮に乗って同じ河口に戻ってきて、カニの穴に定着し

た」といったものになる。

　新城島は、全島が隆起サンゴ礁からなる平坦な低島である。このような低島では水の確保がむずかしい。H.O. さんは「雨が降らなかったら、サバニで西表の仲間川行って、水汲んできたよ。水はあの時代、とても大事なもの。日照りのときは、いくらつばでも飲まさんぐらい」という新城島の水事情について語ってくれたことがある（盛口 2003）。ただし、水事情のきびしい新城島には、それゆえの利点もある。それはマラリアの無病地であるということだ。典型的な低島である新城島では、水田耕作はできない。15 世紀の朝鮮人漂流者も、この島では雑穀がおもに栽培されていたことを記録に残している。しかし、新城島が琉球王府の制度化のもとに組み込まれ、さらにその琉球王国が薩摩に侵攻されたことから、新城島ではジュゴンのほかに、正租として米を納めることが定められた。そのため、新城島の人々は、サバニと呼ばれる小舟で海を渡り、西表島の仲間川近くに田んぼを拓いて稲作を行ったのである。この海を越えての水田耕作の際、河口部に生育するマングローブ林を行き来したことが、ヒルギの生態をうたいこむ歌ができあがった背景となったのであろう。

　なお、戦後、西表島に蔓延していたマラリアは根絶される。そのため、水も得られず、土地も狭い新城島から、人々は西表島や石垣島へと移住した。それでも、今もなお行事のおりに、新城には元島民やその親族が集まり、祭りを挙行している。たいへん残念なことに、H.O. さんは、私が歌を教えていただいてしばらく後、病に伏し、ほどなく亡くなられてしまった。そのため、新城島の人々の生活について、それ以上、お話をうかがうことはできなかった。それでも、直接、歌を教えていただくという機会に出会えたことを、とても感謝している。

　私は、ジュゴン猟にまつわる歌を教えてもらうことから、前章で紹介した人々の暮らしの背景にある歴史の存在に気づくことができた。このことは、その後、里山の聞き取りを行う際、聞き取り内容を理解するうえでの、自身の中の基盤を構成することになったと考えている。

3.2 南島のドングリ利用

新城島のジュゴンやマングローブの歌と同様な背景を持つ歌が、ほかにも八重山には伝わっている。

関東地方の里山において、里山林を構成する主要な樹種には、コナラやクヌギといったドングリをつける木々が含まれている。そのため私は埼玉の私立中・高等学校の教員時代、ドングリの教材化のひとつとして、ドングリを食べる実践を行ってきた（盛口 2001）。その中で、西表島に隣接する鳩間島に、ドングリをうたいこんだ歌があることを知った。歌にうたわれたのは、日本最大のドングリ（10g以上となる）をつけるオキナワウラジロガシである（図4）。オキナワウラジロガシのドングリは、西表島や鳩間島ではアデンガと呼ぶ（安渓貴子 1992）。現在、廃村になっている西表島・鹿川では、「きびしい人頭税のために、わずかに生産した米もほとんど上納させられていたし、頼りのサツマイモが不作のときには、ほかに食べ物がないのでアデンガの実を主食にした」（安渓貴子 1992）。そのアデンガはまた、鳩間

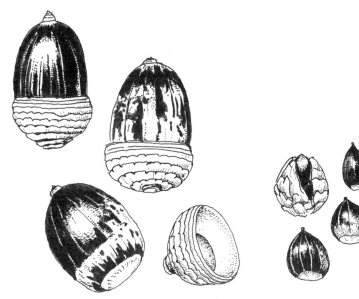

図4 オキナワウラジロガシ（左）とシイ（右）

島に伝わる鳩間節という歌の中にも登場する。その歌詞は「ウイバルピトゥヌ　パリクバヨ　アデンガヌグルシー　ミキヌマシ（上原村の人が走ってきたら、オキナワウラジロガシの殻斗に神酒をついで飲ませよう）」（安渓貴子 1992）という、かなりユニークな内容である。いったい、なぜ、このようなユニークな歌が生まれたのだろうか。

　この歌に関しては、すでに八重山の郷土史家の喜舎場永珣が記述している（喜舎場 1970）。概要を紹介すると、新城島と同様、水のない低島であった鳩間島の人々が、貢租の米をつくるために、対岸の西表島にサバニで通って稲作を行う必要があったということに、話の発端がある。ある年、田づくりに西表島に通っていた鳩間島の人々と、マラリア禍におびえながらも西表島で田をつくる人々との間に、いさかいが起こる。結果、鳩間島の人々は、西表島の新たな土地を開拓して、田んぼをつくりなおす必要に迫られる。このような事件があったので、「もし西表島の上原の人が鳩間島にやってくるようなことがあったら、アデンガ（救荒食として利用するドングリ＝食品としてはあまりイメージがよくないもの）の、殻斗（日本最大のドングリではあるが、杯としては小さい）でお酒を飲ませてやれ」という、少しきつい冗談のような内容が盛り込まれた歌詞が生まれたのである。

　では、実際に、オキナワウラジロガシの食品としての利用はどのようなものであったのだろうか。沖縄移住後、西表島に何度か通い、島の昔の暮らしを教えてくれる話者に出会うことができた。それが大正14（1925）年に、西表島・西部の干立に生まれたY.I.さんである。Y.I.さんからは、かつての西表島における動植物利用の話を、おりにふれて教えていただいた（盛口 2004）。このときもまだ、私の中に、琉球列島の里山を明らかにするという意図はなかったのだが、豊富なY.I.さんの民俗知識にふれ、その話を記録していく作業は、後の聞き取り調査につながる原型になっていったと思う（ちなみに、私は、話者になんらかのプレッシャーを与えるのではないかという懸念と、自身が後になってからテープおこしをすることのたいへんさを考えて、聞き取りにあたっては一切録音をしておらず、その場で筆記するようにしているが、この手法もY.I.さんの聞き取りのころから試みた）。

　なお、さまざまな動植物利用にくわしいY.I.さんに、オキナワウラジロガシのドングリの食料利用について聞いたところ、次のような話が返された。

――カシの実は食べられるんだけど、苦いの。渋皮剝いてさ。私は食べたことがないけれど、水であく抜きして、臼で粗めに割って、挽き臼で粉にして、砂糖を混ぜてから、麦を粉にしたはったい粉みたいにして食べるって。崎山や網取方面の人はそうして食べたって、崎山のばあさんが話をしていたのを聞いたの。シイの実は、つついて、乾燥して、うちでも食べた。シイの実は、生のほうが味はありはするが。シイの実はフーグというよ。

（盛口 2004）

Y.I.さんも直接食べたことがないという話であり、西表島では、どうもオキナワウラジロガシのドングリの食用利用は、すでにほとんどすたれているものではないかと考えられた。

オキナワウラジロガシは、八重山から奄美諸島に分布する、琉球列島固有のブナ科の樹木である。沖縄島の複数の遺跡から、このオキナワウラジロガシが出土し、貝塚時代には食用として利用されていたことがわかっている。たとえば宜野座村の前原遺跡では、海抜０ｍ付近にオキナワウラジロガシのドングリの貯蔵穴が見つかっている。また、北谷町の伊礼原遺跡からも、オキナワウラジロガシのほか、ウラジロガシ、ウバメガシ、マテバシイのドングリが出土している（田里 2014）。

ブナ科の果実であるドングリは、種によってタンニンの含量に違いがある。100ｇあたりのタンニン量は、渋みをほとんど感じないマテバシイでは0.5であるが、渋みを感じるアラカシは4.4、コナラは4.8、ミズナラは6.7という値になっている（松山 1982）。

北上山地では、コナラやミズナラのドングリをシタミと呼んで食用とした。食べ方は、次のようなものである。

採集したシタミを乾燥させ保存するのだが、乾燥させたシタミは臼でついて皮を剝いた後（このとき、どんぐり自体も半分や3分の1程度に割れている）、鍋で煮ながらアクをすくいだし、かわりに新たな水を入れる。三度目に水を変えたときには木灰を入れてさらに水を変えながら煮るとやがて煮汁が澄む。最後に水切りをすると、シタミ粉ができるので、この粉に大豆の粉をふりかけて食べた（松山 1982）。

また、九州では、アラカシのドングリから水中にでんぷんを搾り出し、水さらしをしてあくを抜いたでんぷんで、カシドーフと呼ばれるわらび餅状の食品をつくって食用とする（盛口 2013a）。

　オキナワウラジロガシのドングリのあく抜きを実際に試してみると、水さらしだけで、十分、苦くない粉が精製できることがわかった。生のドングリの皮を剥き、渋皮をとりのぞいたら、中身を製粉する。この粉を容器に入れ、水を張ると、水にタンニンが溶け出し茶色く色づく。そこで、粉が十分、容器の底に沈んだころを見計らい、上澄みを捨て、新たな水を注ぎ込む。あとは、水が無色になり、なめてみて粉が苦くなくなるまで、これを繰り返すことになる。オキナワウラジロガシのドングリのタンニン量は測っていないが、感覚的にはコナラのドングリよりはずっと苦い（タンニン量が多い）ように思える。水さらしによるあく抜きに、どのくらいの時間がかかるかは、水換えの頻度によっても異なり、数日から1週間程度が必要となる。

　実際、あく抜きをした粉は、十分、食用に耐えるものであると考えられたが、オキナワウラジロガシのドングリの利用は、琉球列島においては、それほどポピュラーなものとはいえない。西表島のY.I.さんへの聞き取り以後、機会があれば、オキナワウラジロガシの生育が見られるいろいろな島や集落で、この木のドングリを食べたことがあるかについて聞いてみたが、関連した事項の聞き取りができたのは、沖縄島最北部、奥での聞き取りのみだった。奥出身者3名から以下のような話を聞き取った。

　――親父の世代までは、カシの実もあく抜きをして食べた。カシの実はアニンという。
　――実のでんぷんをあく抜きして食用とする。カシの実のことはアニンという。
　――アニングーダーいう名前の田んぼもあった[注1]。

　大きな実をつけるオキナワウラジロガシがあまり利用されていないのは、いくつかの理由が考えられる。

注1　アニンが発掘されたことのある田んぼだからだという（当山ほか 2016）。

- オキナワウラジロガシのドングリの渋みは強く、あく抜きに手間がかかる（あく抜きしても、美味とはいえない）。
- オキナワウラジロガシには生り年があり、また台風による影響も受けやすいので、定常的な利用がしにくい。
- 雑木林のコナラやクヌギは伐採後、萌芽によって再生する力が強いが、オキナワウラジロガシはそのような力が弱い（里山では生育しにくい）。
- オキナワウラジロガシは、谷部や平坦地を好む。このような場所は開発されやすいこともあり、貝塚時代に比べ、生育地が減少している（手近に利用できる場所に生育していない）。

こうして見ると、どうやらオキナワウラジロガシは里山の木というよりは、里山の奥に位置する奥山の木といえそうで、貝塚時代に利用されていたもののなごりが、わずかに伝わっていたものではないかと考えられる。琉球列島の里山における動植物利用も、時代によって、変化している。オキナワウラジロガシの利用文化は、里山の動植物利用の中では古層に位置するものだろう[注2]。

3.3　沖縄島南部における稲作

　2006年からの5年間、総合地球環境学研究所のプロジェクト「日本列島における人間−自然相互関係の歴史的・文化的検討」（代表：湯本貴和）が行われ、そのプロジェクト内の日本列島全体をカバーする7つの地域班のうちのひとつ、「奄美・沖縄班」（代表：安渓遊地）のメンバーの1人として、私は2007年から琉球列島の里山についての調査を始めることになった。

　温暖で、降雨も多い琉球列島の場合、耕作が放棄されると、容易に森林へと遷移が進む。また、後述するように、琉球列島の場合、ある時期を機に田んぼが急激に減少したため、現在の田周辺の実見調査からは、かつての里山

注2　慶応2（1866）年に生まれた著者による『奄美史談・徳之島事情』の中に、徳之島における救荒食となる植物のひとつに、ヤンゴロと称するカシの実があることが紹介されている。それによると殻を取り去った後、臼で粉砕して、水で「毒気」を抜いた後、米や麦、芋に混ぜて食べるとある（都成　1964）。

の様子がうかがいにくくなっている。そのため、調査方法として選んだのは、島々のお年寄りから、昔の動植物利用を聞き取るという方法だった。最初はとにかく、さまざまな話を聞いていたのだが、そのうち、多くの島（集落）でも聞き取ることのできる、普遍的な事項にかかわる話と、ある特定の島（集落）でしか聞き取ることのない特殊な事項にかかわる話があることが見えてきた。そこで、普遍的な事項についての質問はしつつも、特殊な事項を聞き取ることのできる可能性があることから、話者に自由に話をしてもらうようにも心がけた。

最初に「かつての動植物利用はどのようなものであったのか」を聞いたのは、沖縄島南部・南城市・仲村渠のZ.K.さん（昭和9［1934］年生まれ）だった。聞き取りの冒頭部分を紹介してみる。

盛口：かつての田んぼのあったころのお話を聞かせていただけますか。
——田んぼは、9歳から稽古を始めて、高校生ごろから一人前です。田んぼの場合は耕すとはいわずに、「うつ」といいます。これにはコツがあります。うつというのは、田んぼを鍬でたたくように耕すんです。沖縄の田んぼの場合は、一般に水を張った状態（水が2cmぐらい溜まっている）で耕します。水を張ったところでやるからへたをすると、水が自分の顔など全身に降りかかってくるのです。最初は絶対うまくできません。できるようになるまで2-3年はかかる。水を前に飛ばすんですが、これにコツがある。最初、子ども用の鍬を用意してもらって、高校生のころには親父と同じぐらいできるようになっていました。高校生のころから一人前ですね。
（中略）
——田んぼは、金肥だけではだめです。親父がよくそういっていました。緑肥を使います。緑肥には、ウカファの葉を使います。ウカファというのはわかりますか？　学名ではなんというのか、わかりませんが。
盛口：わかります。マメ科のクロヨナ（図5）という木のことですね。
——そのウカファの葉を肥やしにします。ファーグエー（葉の肥やし）です。枝を切り落として、できるだけ細かくして田んぼにすきこみます。枝ごと取ってきて、田んぼの脇で細かくします。大枝は足に刺さりますから

図 5 クロヨナ

これは捨てます。こうすると上等なイネができましたよ。各家庭にウカファ山というのがありました。原野ですよ。ウカファは昔の人が植えたんでしょうね。ウカファヤマは「肥やし山」という感じです。そこから刈り取ってくるわけです。(中略) ウカファを入れるのはできるだけ早めがいいんです。イネを刈り取ったらすぐ——といっても忙しくてそうすぐにはできませんが、早めに——耕すんです。そうして土の風化をさせます。風にさらして……。そうすると、土がよくなる。刈り取ったらできるだけ、すぐ耕すんです。牛や馬を使って土を踏みつぶさせもします。クェーナ (注:行事のときにうたう歌の種類) の歌詞に次のようなところがあるでしょう。

足高ん　うるち
角高ん　うるち
苦土や　きじいしてぃ
真土や　きじ浮きてぃ

このきじ……という言葉は、全部ドロドロにする、といったような意味です。たとえば、キジマースン……というのはかきまわす、という意味です。イネを刈り取ったら、仮耕しをしておいて、太陽、空気にさらします。次にウカファの葉を踏み込む。また、耕す……。最後に整地をします。手でちゃんとならすんですよ。水平になるように。このあたりは、泉がいっぱいあるんで、それほど干ばつになるようなことはありませんでした。ただし、斜面に、小さい田んぼがならんでいる、棚田みたいなところでした。ですから、他人の田んぼを通して自分の田んぼに水がきます。この水を自分の田んぼにひっぱってくることを、ソーイといいます。ターミジソーイン……と。
（中略）
　先にお話しをしたクェーナには、イネのつくり方が歌われています。
（中略）
　クェーナにある、足高というのは馬のことです。角高は牛のことです。馬といっても、宮古馬のような小さい在来種の馬です。田んぼを耕すのには牛がいいんです。しょうがないときに、馬を使う。親父にそう教わりました。皆が皆、牛を養えたわけではないんです。牛を飼っている人に借りることもありました。ただ、田んぼを耕すには、できるだけ牛がいいと親父はいっていました。牛の蹄は、二つに割れています。その割れ目の間からよい土が、上に浮いてくるんです。これがクェーナの中の、「きじ浮きてぃ」ということですよ。これに対して、馬は土を押しつぶしてしまう……。クェーナの中に苦土（クンチャ）と、真土（マンチャ）が出てきます。このマンチャはほんとうは「甘土」と書きます。クンチャはやせ土のこと、マンチャは表層土、肥沃土のことです。クンチャを押しのけて、マンチャを上に……という教えです。（以下、略）

（当山・安渓 2009）

　沖縄島南部一帯同様、仲村渠には現在、ほぼ、田んぼは見られない。湧水とその流路に沿って、かつての田んぼの一部にクレソンが栽培されている（図6）ほか、あとはサトウキビ畑や耕作放棄地が見られる。しかし、かつては棚田が広がっていたことが、Z.K. さんの話からは伝わってくる。また、

図6 クレソンが栽培される田んぼの跡地

　稲作と関連して、緑肥や牛、馬の存在、土の性質といったことにも、自然に話が広がっている。仲村渠には、受水走水と呼ばれる湧水があるが、その場所が沖縄島の稲作発祥の地とされる伝承がある。そのため、経済的な意味において稲作は行われていないが、受水走水周辺には、小さな田が残され、教育としての稲作体験が行われるほか、「親田御願」という田植えの儀式も続けられている。先のZ.K.さんの話の中に出てくるクェーナは、この親田御願の際にうたわれるものである。また、この話でわかるように、昭和初期生まれの人がまだ、田んぼが広がっていた、里の風景を覚えているとしたら、沖縄島において、田んぼはいつ姿を消していったのだろうか。

3.4　沖縄島における稲作の減少

　琉球列島の島々の里山が大きく変化するのは1960年代以降のことになる（盛口 2011b）。本土でも、昭和30年以降、化石燃料や化学肥料の普及が里

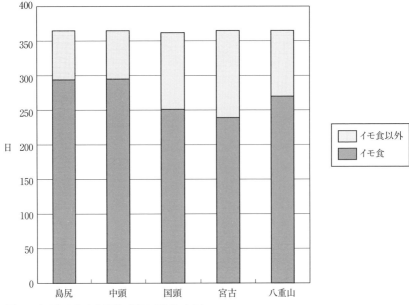
図7　イモ食の占める日数（盛口 2011b より）

山の姿を大きく変えており（養父 2009）、時期的にはほぼ同一であるといえる。しかし、全国的に同一に里山が変質したということを念頭に置きつつも、もう少し細かく琉球列島の島々の里山の変化をとらえておきたい。まず、沖縄島における田んぼの減少の前後の変化を見てみることにする。

戦前の沖縄では、サツマイモが主食の座を占めていた。昭和2（1927）年から昭和6（1931）年までの、沖縄県各地域のサツマイモの生産量と地域の人口から、1年のうち、サツマイモ食がどのくらいの日数になるかを推定した数値が報告されている（藤間 1933）。あげられた数値を見ると、いずれの地域においても、年間日数の半数以上をサツマイモに頼っていたことになる（図7）。

このサツマイモに比べると生産量は劣るが、戦前から戦後にかけて、イネも一定の作付け面積を保っていた（図8）。沖縄で田んぼが急減するのは、1963年の大干ばつがきっかけであるとされる（琉球新報社 1999）。確かに沖縄県の統計書のデータを見ると、1963年を境目にして、イネの作付け面

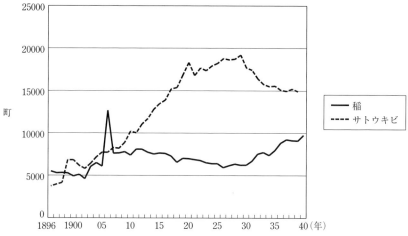

図 8 戦前のイネとサトウキビの作付け面積（盛口 2011b より）

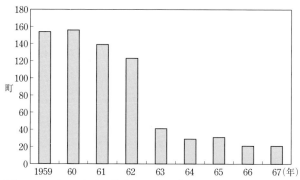

図 9 1963 年の干ばつ前後のイネの作付け面積の変化（盛口 2011b より）

積が急減することがわかる（図 9）。

　奄美や沖縄の稲作は、つねに干ばつの危機にさらされてきた。4 月から 10 月までの長い間、梅雨や台風をのぞき、高温少雨の気候が続くことがあるからである。また低島的な環境の場合、地表を流れる川がなく、天水に頼る田んぼがあったことと、同じく低島的な環境の場合、石灰岩地であるために漏水がつきものであったことが、干ばつの起こりやすい理由に加わる。

15世紀の朝鮮人漂流者の記録では、低島の波照間島では稲作は行われていなかった。しかし、その後、この島では天水田による稲作が導入される。この天水田の苦労について、波照間島出身のO.S.さん（大正15［1926］年生まれ）からお話をうかがった。

——波照間島の天水田の記録を、残しておきたいと思っていました。島の人は、戦争マラリアで島の文化があの世に持ち去られてしまったといいます。そのうえ、僕らの年齢の人間までいなくなってしまったら、島の大事なことがわからなくなってしまいますからね。（中略）波照間島の田んぼは、天水田です。ですので、牛を四つ、五つとつなげて、この牛で田んぼの床締めをするんです。牛の蹄で田んぼを踏んで、水を漏らさないようにするんです。田んぼの床を鋤きおこすのは、深さ三寸くらいです。鋤きおこしてから、牛に踏ませて、床がつるつるするまで締めます。それから水を一杯入れて、その水に泥が溶け出して、どろどろになって、それが沈殿したころに苗を植えるんですよ。（中略）雨の降る年は、小さな土地でもかまわず開墾して田んぼにしました。田んぼを雨に頼っているので、島の神行事も、雨・雨・雨……ですよ。（中略）雨が降る年が何カ年も続くことは少ないのです。年によっては、ほとんどつくれない干ばつの年もあります。

（安渓・盛口 2010）

なお、O.S.さんは、かつて栽培されていたイネの品種に、ボーザーマイと呼ばれるものがあったことも語ってくれた。

——これはおいしくはないし、収量も少ないのですが、早生種なんです。だからちょっとでも雨が降ると、ボーザーマイをつくるか……と。これはウルチ米で、炊いてにぎると、10 m ぐらい投げても、かたちが崩れないものでした。

八重山の古いイネの品種についてまとめた安渓は、ボーザーマイは「きわめて不味で低収量」であったが、早生の品種が切実に求められていた波照間

島において定着を見たと解説をしている（安渓 2007）。

　天水田にまつわる、波照間島と同様の話を与那国島の話者からもうかがった。与那国島は高島（タングンジマ）であるのだが、部分的には低島的な環境もあり、そのような場所では天水田がつくられていたのである。お話をうかがった T.K. さんは昭和 7（1932）年、与那国島・祖納生まれである。

　——与那国は水が豊かになかったから、牛を農作業で大事にしていました。ティンチダ（天水田）は、干ばつのときはダメです。天水田の場合は、雨が少しでも降ったら、ティンチダニリということをしました。雨がポツポツ降ってきたら、牛を田んぼに連れていって、田んぼを牛で踏み散らかす。そうすると、雨が溜まるようになるわけ。なんべんも田んぼを踏み散らかしたほうが、よく水が溜まるといいました。角石で三尺くらいの長さのものを、牛に引っ張らせることもしました。これで田んぼの土をくだく。石の長さは三尺くらいないとダメです。太さは五寸角くらいのものです。この石は、僕の親父なんかが自分でつくっていたよ。もっと前は、石で穴の開いているものを、いくつも木の棒に刺して、これを牛に引かせました。これはグマンダァラと呼んでいました。天水田は、今は畑になっています。昔の天水田持ちはたいへんでしたよ。けれど、じいちゃんは利口だったです。ターンガイ（田湿らせ）といって、稲刈りが終わったら、天水田のうちで上手の田んぼの上に、厚めの藁をかぶせておくんです。そうすると夏の干ばつでも乾燥しきらないわけさ。水がなくなって 1 カ月たっても、乾燥しきらない。だから稲刈り終わったらすぐこの仕事させよったよ。昔のじいちゃんの生活は、すばらしいよ。

（安渓貴子・盛口 2011）

　与那国島の田んぼは天水を利用するティンチダ、山麓からの湧水を利用するミンタ（図10）、さらに排水不良の低湿地に広がるカーダに呼び分けられていた。このうちカーダの中には、胸までつかるような深い田があり、耕作は困難を極めたが、どんなにきつい干ばつ年であっても、一定の収穫量があったため、与那国島では価値のある田んぼとされていたという（田中 1984）。T.K. さんによると、深田には古くからある、ノギの長く、草丈も高

図10　与那国島の田んぼ

くなる品種ばかりが植えられていたという。ただ、この品種は、収穫後に手間がかかった。

　　——ヒゲ（注：ノギのこと）が長いから、刈り取って脱穀するときに、ヒゲを打って捨てないと精米ができなかったですよ。時間がかかるので、稲むらに積んでおいて、ゆっくりと精米をやったです。

　このように、不味ながらも早生の品種が栽培されたり、脱穀に手がかかるものの、けっして干上がらないような深田に育つ品種が栽培されていたりしたのは、南島の稲作ならではのことだろう。また、これらの対策がなされていたということは、南島の稲作にとって、干ばつはある程度、織り込み済みのものであったというふうにいうこともできる。
　このような気候・地理条件にある奄美・沖縄の島々では、1963年以前にも、大きな干ばつに見舞われている。たとえば近いところでは、1904年に

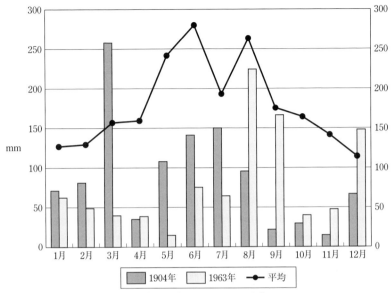

図11 干ばつ時の月別降水量（那覇市）（盛口 2011bより）

も大干ばつが起こっている。1963年と1904年の干ばつ時の降水量を比較すると、1963年は1-7月（とくに5-7月）にかけて少雨であった（そのため当年の稲作に障害が出た）のに対し、1904年の干ばつ時は9-12月にかけて少雨（そのため翌年の稲作に障害が出た）が見られた（図11）。

統計書のデータを見ると、仲村渠のある玉城間切（琉球王国時代に施行された島々の行政区分。ほぼ現在の市町村——ただし、平成の大合併前の市町村区分——にあたる。この行政区分は明治40［1907］年まで温存された）では、1904年の干ばつのあった翌年、イネの作付け面積は減少し、同じ南部に位置する東風平間切に至っては、イネの作付けがまったく行われていない。ところが、その翌年には、両間切とも、作付け面積は干ばつ以前の値まで回復している。つまり、1904年の場合は、干ばつは当該年度の稲作に被害をもたらしたが、干ばつが過ぎた後、稲作は復活しているのである（図12）。であるなら、1963年の大干ばつによって、当該年の水田が急減したにせよ、その後、永続的に水田がつくられなくなるには、干ばつとは別の理由があったことになる。

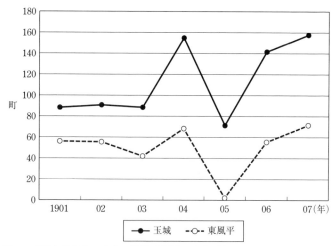

図12　1904年前後のイネの作付け面積の変化（盛口 2011b より）

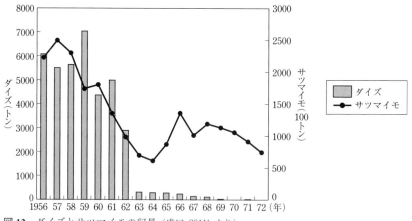

図13　ダイズとサツマイモの収量（盛口 2011b より）

　そのことを考えるために、イネ以外の作物の、1963年の大干ばつ前後の生産量や作付け面積の変化を見てみることにした。

　沖縄の伝統的な農業においては、イネ・サツマイモ・サトウキビが三大作物であり、そのほかにコムギやアワ、ダイズなどが栽培されていた。統計書の数値を追ってみると、サツマイモの場合は、戦後、徐々に生産量を減少さ

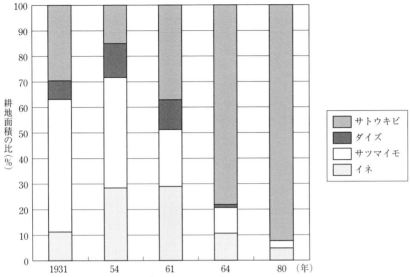
図14 耕作面積比の変化（盛口 2011b より）

せていくことがわかるが、1963年前後の収量に劇的な変化は見られない。ところがダイズは、1963年の大干ばつを機に、イネよりもさらに急激に収量を減少させていたことがわかった（図13）。

　ダイズの10アールあたりの収量の変化は、大干ばつ時に一時、大きく数値を減少させるが、干ばつの翌年には、数値は復活している。しかし、生産量は干ばつ時に大きく減少したまま、復活していない。戦前から戦後にかけての耕地面積に占めるサトウキビ、ダイズ、サツマイモ、イネのそれぞれの面積比をグラフにすると、1963年の大干ばつを機に、耕地の構成が大きく変化していることがわかる。それまで、サトウキビ、サツマイモ、イネという三大作物がそれぞれに一定の割合を占め、ダイズもある程度の割合を占めていたものが、大干ばつを機に、サトウキビのモノカルチャー化が進むことが見えてくる（図14）。

　かつて、里の人々は、サツマイモと米の一部を主食にあて（島によっては、米にかわってほかの雑穀を利用し）、ダイズが重要なたんぱく源となっていた。また、米と砂糖は現金収入をもたらした。1963年の大干ばつをきっかけに、ダイズの生産量が急減するということは、それまでの里の人々の

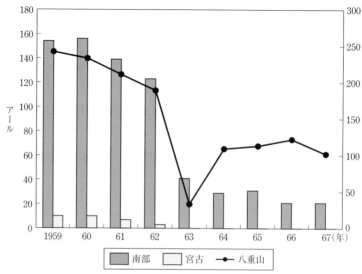

図 15 地域別のイネの作付け面積（盛口 2011b より）

自給経済が、商品経済に組み込まれていったことを指し示すと考えられる。この流れを推し進めたのが、1960年代に起こった「サトウキビブーム」であった。イネの作付けの急減とともに、急速に作付けを伸ばしているのがサトウキビである。サトウキビブームというのは、大干ばつ以前の昭和34（1959）年から、昭和40（1965）年まで続く時期を指す。サトウキビブームの到来は、日本政府の甘味資源自給強化対策の一環で、沖縄の糖業に対する保護が厚くなったことや、1963年に国際糖価が急騰したこと（1962年の10月にキューバ危機が起こっている）、製糖工場の大型化で換金性が高くなったことなどが理由としてあげられている（来間 1991）。

　ただし、1963年前後のイネの作付け面積の変化を地域ごとに見ると、地域による違いがあることに気づく。もともと田んぼの面積の少なかった宮古島では、1963年を機に、田んぼはまったく見られなくなってしまった。沖縄島・南部では、1963年の大干ばつをきっかけに、田んぼは急減する。ところが八重山では、1963年にイネの作付けは急減するが、翌年、作付けはある程度回復しているのである（図15）。このような違いは水利の違いによるものと考えられる。水利が不便な地域ほど、サトウキビへの転作が加速し

たのであろう。

沖縄島の中でも、すべての地域で田んぼが一斉になくなったわけではないようだ。たとえば島の北端部にある奥では、1969年の大雨によって、土砂で田んぼが埋められてしまったことが田んぼの消失の要因であるという話を聞いた（蝦原・安渓 2011）。しかし、その後、田んぼを復活しようとしなかったということは、その背後に、干ばつを機に田んぼから畑への転作が進んだことと同質の要因が潜んでいるということができるだろう。

3.5　奄美諸島における稲作の減少

現在奄美大島でも、田んぼは、ほとんど目にすることができない。ただし、文献調査をしてわかったのは沖縄と奄美では、田んぼが減少する時期が異なっているということだ。

薩摩の琉球侵攻によって、奄美諸島は琉球王国から薩摩へと割譲をされ、侵攻の翌々年の慶長 16（1611）年には検地を受け、幕藩体制下における貢納制度のもとに置かれる（新城 1994）。奄美大島にサトウキビが導入され、黒糖が生産され始めたのは、元禄年間の 1690 年ごろと考えられているが、その後、延享 2（1745）年には、年貢が黒糖に切り替えられることになる（蓮見 1981）。これにともなって、水を干して畑となしうる田んぼは、サトウキビへの転作が進められたという（桐野 1985）。

ところが奄美の砂糖生産は明治期を迎え、さらに大正時代になると減少を見せるようになる。かわって、稲作が復活することになった。桐野利彦は『奄美大島の糖業と耕地開発および農作物の変化』の中で、次のように書いている。

「大正中ごろは、米騒動が起こるほど、米が大不足をし、米価の異常な高騰があった反面、大島等の国産糖は、安価で良質な外国からの輸入糖によって、非常に圧迫を受けた。そのため甘蔗栽培より米作の方が、はるかに有利となった。こういう時代的背景によって、延享以来、甘蔗畑化された水田が170年ぶりに、ふたたび昔なつかしい水田にかえることになったのである」（桐野 1985）

また、戦後、1953 年に復帰するまで、奄美はアメリカの施政下にあった。

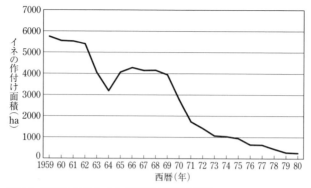

図16 奄美におけるイネの作付け面積の変化

このため日本領土との往来や物資の移出入は厳しく制限され、島内の食料の自給が強く要請されることになり、米の生産が増加することになった（蓮見1981）。

では、この田んぼの増加は、いったい、いつ減少に転じたのだろうか。

奄美の場合、沖縄で田んぼが急減した1963年には、田んぼの面積にはそれほど大きな減少は見られない。奄美で田んぼが急減するのは、1970年になってからのことである（図16）。

1960年後代半、米の政府買い入れ価格の引き上げによる、稲作の収益性の高まりと、それによる生産意欲の刺激が、イネの作付け面積の増加を生んだ。一方、米の需要を見ると、国民1人あたりの年間消費量は、昭和37（1962）年の118.3 kgをピークに減少に転じ、昭和43（1968）年には100.1 kgとなった（鹿児島県農政部 1970）。このため、昭和44（1969）年には生産された米のうち、約200万トンが過剰米となる見込みとなった。こうして昭和45（1970）年に始められたのが、米の生産調整である。

たとえば奄美大島笠利町の田んぼの減少について、『笠利町誌』にはその経緯の概要として、次のような説明がなされている。昭和40（1965）年、鹿児島県は面積にして2万4610 haのイネの生産調整の割り当てが農林省から示された。これを受けて、鹿児島県農政部は、「鹿児島方式」と呼ばれる県内の割り当てを提示することとなった。これは、県下を三区分し、区分ごとに割り当てを変えるというものである。奄美群島は、「米の品質が比較的

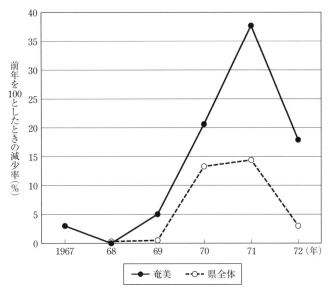

図17 水稲耕作地の減少率（盛口 2011b より）

悪く、サトウキビの転作の要件がそろっている」ということから、県平均を上回る生産調整が割り当てられた（笠利町誌執筆委員会 1973）。

ためしに、奄美と鹿児島県全体の田んぼの減少率をグラフにしてみると、グラフの傾きは両者とも同じようなかたちをとるが、奄美ではより減少率が高いことがわかる（図17）。つまり、鹿児島県の中で、奄美では、より生産調整が強く行われたことを示している。

このような生産調整が行われた結果、『笠利町誌』には、「（笠利町では）その達成率は抜群に高く、割り当て面積に対して八倍以上という達成率になった」と書かれている。さらに続いて、「数年前までは、田植えや刈り入れ期になると老若男女を問わず、広漠としたタブクロでいっせいに農作業に従事し、そして豊年満作を祈り祝ったものであるが、今は当時の面影はうすれ、荒れ果てた休耕田に囲まれた田んぼでせっせと働いているようすはわびしくさえおもえる」とも記述されている。

同様に、奄美諸島の中に位置づけられる沖永良部島の場合では、米の生産調整が行われる以前の昭和43（1968）年には、同島の水田面積は514 haも

あったものが、生産調整が行われた後の昭和47（1972）年には199haへと急減し、さらに平成4（1992）年には、わずか1haと、ほぼ消滅するまでに至っている（前利 1995）。

戦後の奄美の主要な農産物の作付け面積の変化を見ると、昭和45（1970）年にイネの作付け面積が急減するだけでなく、それに先んじて昭和37（1962）年ごろより、サツマイモの作付け面積が減少する。これに反比例するように、サトウキビの作付け面積は増加していく（蓮見 1981）。田んぼが失われていく過程は、それまでの歴史と、直接のきっかけにおいて、奄美と沖縄では異なっている。しかし、その背後に、1960年代以降、自給型の農業が、商品作物の生産農業へとシフトせざるをえなくなったという大きな流れは、共通しているということができる[注1]。そのような結果として、琉球列島の里山周辺には、一様に、サトウキビ畑の風景が広がるようになったわけである。

3.6　琉球列島の里山の構造

沖縄島北部、やんばるの最北端部の集落である奥の昔の話を、昭和12（1937）年生まれのT.S.さんからうかがう。その一部をまず、紹介する。

　　——猪垣がもし崩れたら三日以内に修復しないとだめという条例がありました。直さないと罰金です。規律がきびしかった。イノシシが猪垣の中に入るということは、村人が餓死するということだから。猪垣には、だれの担当かという木の札がかかっていたんです。それに見回りがいました。3

注1　本土の里山の変質について、有岡利幸は著作の中で、「高度成長は昭和25（1950）年に始まった朝鮮戦争の特需を契機として起こり、原燃料が石炭から石油へと急激に転換したことが基礎になっている。（中略）サウジアラビアを中心としたクウェート、イラン、イラクなどの原油が、安い価格でわが国に入ってくるようになった。（中略）石油コンビナートの製造過程で生まれる大量のプロパンガスが、家庭などの燃料として安価に販売されるようになった」と燃料革命の経緯について説明し、その結果、昭和25（1950）年には全国で伐採量の48％をも占めていた薪炭材が、昭和45（1970）年には、わずか4％を占めるまでに急減したことを示している。また、これと並行するかたちで「昭和30年ごろからの農作業の機械化と歩調を合わせ、手軽で肥効の高い化学肥料がさかんに用いられるようになり、農業のいちじるしい近代化が達成され」「そして、ほとんどの地方で水田に付帯していた緑肥用の採草地には、スギ・ヒノキなどの針葉樹が植えられた」と続けている（有岡 2004）。

日以内に垣主が修復しないと、村が直して、費用は垣主に請求です。この猪垣の台帳がありました。あと、猪垣を見ると、垣主が金持ちかどうかもわかります。垣主が金持ちのところは、今もしっかり残っています。

盛口：猪垣の共同管理はいつまで続いたのですか？

——垣を管理していたときは、管理がきびしかったので、村から離れるのがたいへんでした。畑をあげるから、垣ももらえ……と交渉して、那覇に出ていくというようなことがあったんです。しかし、いろいろあって、けっきょく、昭和34（1959）年の区民総会で垣の管理を放棄することを決めました。垣は大垣とは別のものもありましたよ。大垣の外側にあった垣です。これは焼畑、別のいい方だとクイミバタ、アキケーバルを囲んでいた垣です。アキケーバルは3カ年使います。まず、イモを植えます。それからアワです。最後はアワの中にイモを植える……。3カ年やると地力がやせるから、放棄します。こうしたアキケーバルが何カ所かあって、時代によって異なるが、何カ年かで回すようになっていました。

（中略）

盛口：猪垣の内側に、集落と、田んぼや畑があって、外側に焼畑があったんですね。

——そうです。（以下、略）

（蝦原・安渓 2011）

琉球列島の高島には、リュウキュウイノシシが分布している。そして、かつて、高島の西表島や沖縄島の里山ではこのリュウキュウイノシシの食害から農作物を守ることが、暮らしのうえで必須であった。そのため、里を囲むようにしてつくられたのが、猪垣である。奥では猪垣をハチと呼び、このハチが連なった全体を、大垣（ウーガチ）と呼んでいる。奥の場合は、その大垣の全長は9kmにおよんでいる（宮城 2010）。奥の大垣は、1903年に構築が行われた。やんばるでは、田は河口部周辺に広がる平坦地につくられ、川を囲む丘陵や山地の斜面が切り開かれて段々畑となっている。このため、田んぼをつくれる場所は限定されるが、畑は山を切り拓くことで、ある程度拡大していくことができる。そのようにして畑を拡大していくうちに、イノシシの被害も増大していき、個人で畑を囲う方法では被害防除が困難になった

ため、集落の周囲を共同で建設・維持する猪垣を構築することになったのだという。奥でこの共同の大垣がつくられたのは明治36（1903）年であり（奥のあゆみ刊行委員会 1986）、最終的には、先に紹介したように、全長9kmにおよぶ猪垣で集落を囲うかたちができあがった（宮城 2010）。

　八重山諸島の西表島では、猪垣をシーと呼び、その内側（シーヌウチ）に集落や田畑があった。一方、外側（シーヌフカ）は、猪猟が行われる場となっていた（安渓 2007）。なお、西表島においては、すでに18世紀中ごろには猪垣が構築されている。そのうち、現存する遺構を調査した結果、崎山では半島の先端部に位置する集落まわりを囲うように、半島の一方の海岸から尾根を越え、反対側の海岸まで、約3kmの猪垣がつくられているのが認められている（蝦原 2010）。

　奥のT.S.さんの話にあるように、奥では共同の猪垣である大垣の外に、アキケーバルやクイミバタと呼ばれる畑をつくることがあった。イノシシに襲われないように個別に猪垣で囲う必要があったことと、アキケーバルは山林を焼いて3年間畑地にした後、一定期間、放棄して山林に戻す休耕期間を置くという耕作方法が採られていたことが語られている。

　また、このほかにも大垣の外で栽培される特有の作物があった。それが染料として使われるリュウキュウアイである。奥の地名を詳細に調べた宮城邦昌らの調査（宮城ほか 2016）によれば、エーバテー（藍畑）とつく地名を地図に落とすと、すべて猪垣の外側に位置する（図18）。

　琉球列島で青色の染料として使われるのは、琉球藍（キツネノマゴ科のリュウキュウアイ）、タデ藍（タデ科のアイ）、インド藍（マメ科のタイワンコマツナギとナンバンコマツナギ）がある（大湾 1993）。そのうち、やんばるで栽培されていたものは琉球藍（リュウキュウアイ）である。リュウキュウアイ（図19）は、インド東北部の原産と考えられていて、琉球藍のほかに、山藍ともいわれる（大湾 1993）。実際、統計書から、明治期におけるリュウキュウアイの生産間切を沖縄島の地図に落とすと、それは薪の生産間切を地図に落としたものと、ほぼ重なった（図20）。すなわち、低島的環境の沖縄島南部では生産がなされず、沖縄島でも高島的環境の地域において生産がなされていたということである。また、後述するように、リュウキュウアイは戦後、多くの地域で栽培がなされなくなっているが、現在でも沖縄島中・北

3.6 琉球列島の里山の構造　61

● エーバテー(愛畑)の名のつく地名の分布地
　(宮城 2016による)
○ ヤナギという地名
★ メーガ(ハナシュクシャ)の名がついている地名
　(メーガンクブ)
☆ デリス自生地

図18　工芸作物と関連する名のつく地名（沖縄島・奥）

図19　リュウキュウアイ

リュウキュウアイの生産間切
（明治23年）

薪の生産間切
（明治26年）

図20　藍と薪の生産地

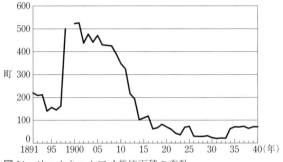
図 21 リュウキュウアイ栽培面積の変動

部の山地の沢沿いには、自生状態になったリュウキュウアイを見ることができる。リュウキュウアイは、ほかの多くの栽培植物と異なり、半日陰でも生育できるため、栽培がなされなくなった後も姿を消すことがなかったわけであり、また同時に、栽培がなされていたときも、山地の開拓地に適した作物（半日陰でも生育が可能、また、芋や穀物と異なり、イノシシの食害を受けにくい）であったといえる。

　統計書から、明治 24（1891）年から昭和 15（1940）年までの間のリュウキュウアイの栽培面積の変動をグラフにしてみた（図 21）。すると、明治 30 年代に入って一度、急激に栽培面積を伸ばした後に、大正時代末期に急減し、そのあと第二次世界大戦に入って統計書が発刊されなくなるまでの間、低い値を保持したことがわかる。

　藍の生産といえば、江戸期においては四国の阿波が有名であった。阿波藍の変動に関して解説をした論文によれば、明治以降、阿波藍が衰退するのは、明治 20 年代以降に急増する、輸入物のインド藍と、明治 30（1897）年に工業化に成功し、明治 37（1904）年以降、安価な製品がつくられ、インド藍にかわって輸入が急増する人造藍のためであるという（鎌谷 1988）。

　『沖縄縣國頭郡志』には、リュウキュウアイについて同様の事情があったことを、次のように記している。

　「山藍は琉球織物の生命ともいふべき染料にして山林開墾の全盛を極めし明治 35 年頃其の産額最も夥しく本部重要物産の一たるを失はざりしが近年硫化染料の低価を以て提供されたる結果其価格甚だしく低落し随って産額も

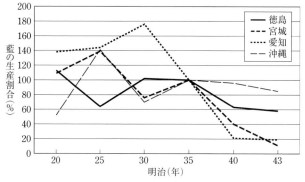

図22 藍の生産割合

亦現象を来するの止むなきに至れり」

この中で、明治35年ごろに山林の開墾が全盛を極めたとあるのは、当時の県知事が手がけた杣山(王府管轄の森)の払い下げ政策のことである。琉球処分によって、琉球王国の士族たちは職を失うこととなった。この救済のために、杣山を貧窮した士族に払い下げるとしたのである(新城 1994)。しかし、杣山は先に示したように、王府管轄の森であるとともに、実質は地域の入会地的な森でもあった。そのため、この払い下げによって、里山の様相は、それまでと変化したと考えられる。また、払い下げが行われると、その実態は、貧窮士族の救済とはいえなかったという別の問題も生じた(新城 1994)。

リュウキュウアイの栽培がもっともさかんだったとされる明治35(1902)年を基準(100)としたときの、製品の藍の生産量の変動をグラフにしてみた(図22)。すると、沖縄における藍の産出量の減少割合は、徳島(阿波藍)など、本土のほかの地域に比べ低いという結果となった。これは、本土の藍が畑でつくられる藍であるため、価格が低下した場合、ほかの農作物への転作が急速に進んだのに対し、一方、沖縄の藍は、山地でつくることのできるリュウキュウアイであったため、ほかの農作物と重なることがなかったからではないかと考えられる。ただし、そのリュウキュウアイも、現在、沖縄島では本部半島において、ごく細々と生産がなされているにすぎなくなっている。

表 4 統計書に載せられた工芸作物の品目の変遷（沖縄県）

	明24 1891	明34 1901	明44 1911	大9 1920	大14 1925	昭5 1930	昭10 1935	昭15 1940	昭26 1951
アサ	○								
ナタネ	○	○	○						
ワタ	○	○	○	○	○				
カラムシ	○	○	○	○	○	○	○	○	○
イ	(○)	○	○	○	○	○	○	○	○
シチトウイ	(○)	○	○	○	○	○	○	○	○
チャ	○	○	○	○	○	○	○	○	
リュウキュウアイ	○	○	○	○	○	○	○		
タデアイ							○	○	
タバコ		○	○	○	○	○	○	○	○
イトバショウ		○	○	○		○	○	○	○
ユリ				○	○				
緑肥					○	○	○	○	○
アロールート						○	○	○	
コリヤナギ						○	○	○	
ハッカ						○	○	○	
ゴマ						○	○	○	
デリス									○
キャッサバ									○

　リュウキュウアイは、琉球国から日本国の領土（琉球処分）という国家の体制の変化によって、栽培面積を伸ばす。が、今度は、安価な人造藍の工業化とその輸入によって生産量を減少させる。このように、国や世界レベルの動向が、里山の栽培植物にも影響を与える。里山が人々の暮らしと密接にかかわっている以上、これは当然のことといえる。琉球列島で田んぼが減少したのも、国レベルの減反政策が要因であったり、背景として国際的な事件から糖価が上昇したことが遠因にあったりした。前項でふれたように、奄美大島では、薩摩時代に稲作を抑えてサトウキビの増産が図られていたが、大正時代に稲作が復活した。宮古・八重山の場合では、その逆に、明治以降にサトウキビ栽培が始まっている。なぜなら、琉球王国時代の1692年、王府は食料生産に不具合が出ないようにと、沖縄島の島尻、中頭、国頭の一部（金武・本部・今帰仁）および伊江島以外のサトウキビの作付けを禁止していたからである。この制限が正式に解かれるのは、明治21（1888）年のことになる（金城 1985）。

沖縄県の統計書から、工芸作物として分類されている作物の品名を一定年度ごとに取り出し、その変化を表にしてみると（表4）、リュウキュウアイのように明治期から第二次世界大戦後（統計書に工芸作物の項目が存在したのは1951年まで）まで継続的に見られるものもあれば、ある特定の時期にのみ生産が限られていたものもあったことがわかる。アサ、ナタネ、ワタといった作物は明治期の初期にしか統計書に登場せず、琉球王国期（江戸期）的とでもいえる作物であった。また、ユリのように、大正から昭和にかけてのごく一時的に栽培が行われた作物もあったし、コリヤナギやハッカのように、昭和初期に新たな産業を興そうと導入が試みられた作物もある（図18にあるように、やんばるの奥には、これと関連してか、ヤナギという地名がある）。

　繰り返しになるが、里山は、人々が生活してゆくうえでさまざまなかかわりあいを維持してきた生態系のことである。そのため、たえず、里山の様相は変動してきた。しかし、1960年代以降の変化は、それまでの変化とは質的に大きく異なっているものである。1960年代以降、たんに水田がサトウキビ畑に変わったということでなく、耕作地に投入する肥料は市販品となり、毎日の炊事の燃料も、購入した化石燃料や電気を使用するようになったという、里山周囲の生態系と人々との生活の間に、断絶が生じたという変化であるからだ。

第4章　里山の多様性

イジュの皮剥き（国頭村）。ツバキ科のイジュの樹皮は魚毒として使用された（1965年撮影・沖縄県公文書館所蔵）。

4.1 タシマとバシマ

　前章で紹介した、西表島・干立の話者、Y.I. さんからうかがった話の中で印象的だったのは、「タシマのことはわからん」というひとことだった。

　西表島では、自分の出身の集落のことを、「バシマ」という。逆にいえば、「タシマ」とは、自分の集落以外のことを指している。私が Y.I. さんからこのひとことを聞いたのは、干立の隣集落にあたる、祖納についての話をしているときのことだった。つまり、Y.I. さんにとって、隣の「島」どころか、同じ島内にある、しかも歩いていける距離にある隣集落でさえも、「タシマ」であり、その集落のことは「わからん」といったわけである。

　具体的な例を見てみよう。

　このとき、Y.I. さんと私は、集落に伝わる行事について話をしていた。八重山でも、(集落) によって、なんという行事が一番メインの行事であるかは異なっていて、干立や祖納では、節祭と呼ばれる行事が集落をあげて行う、1年のうちでもっとも盛大な行事となっている。干立と祖納は隣り合っているのだが、この節祭において、一般の参観者も見ることのできる奉納芸能は、2つの集落でまったく演目が異なっている（盛口 2004）。また、このとき、私たちの間で話題になっていたのは、干立の種取り祭の際にうたわれる歌（カーヌパタッツアヌアブタマ・ユングトゥ）についてであった。この歌について、Y.I. さんは次のように語ってくれた。

　――カーヌパタッツアヌアブタマ・ユングトゥというのは、種取り祭にうたう歌。普段は絶対にうたわんよ。歌詞を書いた手ぬぐいが出てきたから、これは見せてあげよう。それにしても、カエルに羽が生えるまでとか、だれが考えたかね。考えられんよ。この歌、祖納にはあるかね。この願うところの井戸はまだあるさ。

　カーヌパタッツアヌアブタマ・ユングトゥというのは、「井戸（カー）のまわりのカエル（アブタ）の歌（ユングトゥ）」という意味である。Y.I. さんに見せていただいた手ぬぐい（ある方の 85 歳誕生記念に印刷、配布されたもの）には、この歌の歌詞が、以下のように書かれ印刷されていた。

① カナヌパタタヌアブタマ　パニバムイ　トブケー
　＊バガケーラヌイヌチ　シマトゥトゥミアラショーリ
　（井戸のまわりのカエルに羽が生えて飛んでいくまで、私たちの集落が栄えますように）
② ヤーヌマールヌ　キザメマ　ウーブトゥウリ　ヤクナルケ
　（家のまわりのカタツムリが海に入ってヤコウガイになるまで）
　以下、＊の繰り返し
③ ヤドゥヌサンヌ　フダジメマ　ウーブトゥウリ　ザンナルケ
　（家の桟のヤモリが海に入ってジュゴンになるまで）
④ グシクヌミーヌ　バイルウェマ　ウーブトゥウリ　サバナルケ
　（石垣のイシガキトカゲが海に入ってサメになるまで）
⑤ プシキヌケタラヌ　キザゴナマ　ウーブトゥウリ　ギラナルケ
　（ヒルギの下のヒルギシジミが海に入ってシャコガイになるまで）

なお、Y.I. さんは、この歌は干立の歌であり、隣の集落の祖納にこの歌はあるだろうかと私に問うたが、『竹富島古謡集　第2集』(1997)には、祖納に伝わる「カーヌパタッツァヌアブタマ・ユングトゥ」が掲載されている。歌詞は省略し、大意だけ紹介すると以下のようになっており、先の手ぬぐいに掲載されている歌詞とは、登場する生きものや生きものどうしの組み合わせに違いが見られる。

① 同様
② 家のまわりのブナチェメ（キシノウエトカゲ）が海に降りて魚になるまで
③ 家の桟のヤモリが海に入ってサメになるまで
④ 森のヤマメー（セマルハコガメ）が海に入ってウミガメになるまで
⑤ マングローブの下のヒルギシジミが海に降りてシャコガイになるまで

　この歌は、集落の繁栄を願う歌である。一番の歌詞が、「カエルに羽が生えるまで＝そんなことはいつまでもない＝永遠に」集落が栄えますようにとうたい、以下の歌詞も、「陸上の生きものが海に入って別の生きものに変化

するまで＝永遠に」という内容となっている。この歌に登場する陸の生きものは身のまわりの生きものたちである。家や家のまわりの石垣まわりで見られるヤモリやトカゲ類、カタツムリだけでなく、西表島では田んぼがマングローブ林に隣接しているので、マングローブ林の泥地に生息するヒルギシジミ（シレナシジミ）も、身近な生きもののひとつとしてこの歌に登場している（天然記念物に指定されているセマルハコガメも、庭にまでやってくるような身近な生きものである）。すなわち、これらの生きものは、すべて里山で見られる生きものといってよいだろう。これらの生きものと海の生きものが対応しているということは、海もまた、人々の暮らしとかかわりが深かった——里山を形成する一部であったということだ。ただし、この場合の海は、リーフよりも内側のイノーと呼ばれる範囲内のものであった。

　西表島の稲作や、廃村となった集落の人々の暮らしについて研究を行った安渓遊地は、西表島の里山の構造について、以下のようにわかりやすく説明を行っている。

　　まず、集落は「しマ」と呼ばれる（注：表記は安渓による）。
　　「しマ」は海に面しているが、背後をとりまく部分は「しマヌマール」と呼ばれる。田や畑（「パテ」）もここにある。「ガヤヌーナー」と呼ばれる屋根葺きのためのチガヤの草原や「アダヌヤン」と呼ばれるアダンのやぶもある。
　　「しマヌマール」から奥に位置するのは「ヤマナ」と総称される山地である。このうち海岸から見えるような山裾は「アーラ」と呼ばれ、ずっと山奥は「しクヤン」と呼ばれている。また、「しマ」の背後の山地には、「シー」と呼ばれる猪垣もある。猪垣の内側が「シーヌウチ」であり、猪垣の外側が「シーヌフカ」である。
　　川は「カーラ」と呼ばれており、その河口部には「プレキ」（マングローブ）が繁茂している。
　　海中にリーフが発達しているところを「ピー」と呼び、その内側の砂地の浅瀬は「イノー」という。また、「ピー」の外側に広がっている外洋は、「フカ」と呼ばれる。

（安渓 2007）

「カーヌパタッツァヌアブタマ・ユングトゥ」に登場する生きものは、こうした、「しマヌマール」と「イノー」周辺で見られる生きものたちである。

なお、喜舎場永珣の『八重山古謡　下』(1970) には竹富島に伝わる「命果報願ユンタ」が掲載されているが、この歌にも、「セマルハコガメが海に降りてウミガメになるまで」「ヤモリが海に降りてサメになるまで」という共通点のある歌詞が見られる。異なった島（集落）で似たような歌詞の歌が見られるのは歌が伝播したからであろうし、一方、似たような歌詞であっても違いが見られるのは、伝播した後、それぞれの島（集落）で歌が伝承されるうち、あたかも伝言ゲームのようにそれぞれにおいて、なんらかの変化が歌詞に起きたからだろう。そのようにして、たとえ隣り合った集落であっても、異なった文化の伝承が見られるようになる（さらにはっきりした例をあげれば、先にふれたように、干立と祖納では節の演目がまったく異なっているという例をあげることができる）。これが、Y.I. さんが「タシマのことはわからん」といった理由につながる。

琉球列島の島々では、同じ島でも、集落が異なれば言葉が違い、話を聞いただけで、どこの集落出身かわかったという話をよく耳にする。言語に関していえば、2010 年、ユネスコから『危機に瀕する言語の世界地図　第 3 版』が出版され、その中には日本で話されている言語のうち、消滅の危機に瀕する言語としてアイヌ語、八丈語にくわえ、奄美語、国頭語、沖縄語、宮古語、八重山語、与那国語が含まれた。つまり、琉球列島には、方言ではなく、独自の言語として認められる言語が 6 つも存在するということである。

行事や歌、言語は、このように島や集落による違いがあることがよく知られている。しかし、里山にもこのような多様性があることは、これまで十分に認識されていなかったのではないだろうか。私自身、調査を始めるまで、琉球列島の里山が、島（集落）ごとに違いを見せるといってよいほど多様であるとは思っていなかった。

4.2　沖縄島南部の里山

総合地球環境学研究所のプロジェクトへの参加を皮切りにして、琉球列島の各島におけるかつての里山の様子の聞き取りを行った。

「昔、田んぼのあったころ、どんなふうに植物を利用していたかといったお話を教えてください」

これが、聞き取りにあたっての、話者への問いかけである。または、低島で田んぼがなかった島や、街で暮らす人への聞き取りの場合は、「昭和30年代以降、暮らしが大きく変わりました。みなさんが子どもだったころの暮らしを教えてください」と問いかけをしている。

これまで、屋久島、種子島、奄美大島、加計呂麻島、喜界島、徳之島、沖永良部島、与論島、沖縄島、伊平屋島、久高島、久米島、池間島、来間島、伊良部島、多良間島、石垣島、西表島、鳩間島、波照間島、与那国島の方々から、お話をうかがうことができた。

もう一度、最初にこうした聞き取りを行った、沖縄島南部・南城市・仲村渠の聞き取りを紹介する。この聞き取りが、以後の聞き取りの基準のようなものになったからだ。仲村渠のZ.K.さんのお話から見えてきたのは、里山にはいくつかの基本構成要素があり、それらがセットになっているということである。

Z.K.さんにうかがった話を引いてみよう。

盛口：日常の中で、炭や薪はどのように使っていましたか？　南部にはまとまった山はありませんね。たとえば、やんばるの山から運ばれた薪とかを買ったりしていたのですか？

——炭は高級品です。使えません。木の薪も贅沢品です。炊きものはカヤに雑木が混ざったものです。キビの絞りかす——これをウージガラといいますが——これを干して薪代わりにしていました。最高に燃えっぷりがよかったですよ。薪のことはタムンといいます。ですからウージガラタムンというわけです。山に行ったら枯れ枝とかを採ってきなさいと大人は子どもたちによくいっていました。大人が忙しかったので、子どもに補完的な役割をさせたんですね。サーターダムンヤマというのもありました。製糖するときの薪を採る山のことです。製糖の始まる何カ月も前に雑木やカヤを刈って束ねてマジンして（積んで）置くんです。これをサーターダムンマジンと呼びました。

盛口：そうすると、田んぼや畑のほかに、ウカファヤマ、サーターダムン

ヤマというのがあって、これらがひとそろいのセットになっていたことになりますね。

——このサーターダムンヤマがない人はたいへんです。キビを刈ったときの枯れ葉を薪として利用するわけです。これはウージヌカリバーといいますが、やはり、雑木混じりじゃないとダメです。ぱっと燃えるばかりで……。火力、温度保持の問題が悪いです。製糖は何時間も炊き込みますからね。

盛口：では、家の屋根を葺くためのカヤ場というようなものはあったのでしょうか。

——カヤモー（カヤ原）というのはここいらにはなかったですね。マカヤ（チガヤ）は大里あたりから買いよったですよ。むこうは土盛——土でできた丘のようなものです——がいっぱいあって、そうしたところがカヤモーでしたが、こっちは岩場が多いですからカヤがそうありませんでした。

（当山・安渓 2009）

このZ.K.さんの話もふまえ、仲村渠のかつての里山の様子を書き表してみることにしよう。

沖縄島南部は、石灰岩の段丘が広がる、低島的環境が見られる。仲村渠の集落も段丘の崖上に位置している。崖の最上層は赤土と石灰岩からなっており、その石灰岩の下部には、クチャと呼ばれる泥岩が堆積している。透水度の高い石灰岩と、低い泥岩の境界からは湧水が湧き出て、この湧水が川となって段丘崖を流れ落ち、海岸沿いに広がる沖積地を潤して、海に流れ込んでいる。仲村渠の集落の中心は、仲村渠樋川（ナカンダカリヒージャー）と呼ばれる、この湧水である（図23）。この湧水は、農業用水のほか、飲料水や生活用水としても使われた。湧水は段丘上の集落より、一段低い位置にある。そのため、集落から湧水までの坂道を、水汲みに通うのは重労働であった。また、湧水にはクムイ（水たまり）があって、農耕馬の水浴などはここで行った。このクムイの中には、コイが飼育され、共同で管理されていた。

1960年代まで、集落まわりの一等地には田んぼがつくられていた。この田んぼは湧水から流れ出る流路沿いに位置している。このため、ゆるやかな段丘崖は、棚田状を呈していた。地形的に考えるならば、一見、段丘崖下に

図 23　仲村渠樋川

広がる沖積地のほうが、広い平坦地であるため、田んぼに適していそうなのだが、いざ湧水の量が減少すると、とたんに水がいきわたらなくなるため、より湧水に近い棚田のほうに、高い価値が置かれていたのだという。また、石灰岩地は基本的に透水性が高いため、田んぼはつねに漏水の危険性があったことも、こうした土地利用の理由になっている。先に紹介した Z.K. さんのお話の中でも、田植えの儀式である親田御願のときにうたわれるクェーナの歌詞に、牛や馬に田を踏ませて水漏れを防ぐ内容がうたわれていたことがふれられている。また、仲村渠における稲作では、毎朝、田んぼの水の見回り作業が必要だったという。これは、田んぼの畦に、カニが巣穴を掘ると水が漏れ出してしまうため、田んぼを見回って畦の穴をふさぐ作業であるという（湧水を起点に、用水は高い位置にある田んぼから徐々に低い田んぼへと流れていくため、低い位置に田んぼがある人は、高い位置の田んぼの漏水まで見回らなければならなかった）。このように、仲村渠における稲作においては、日々の水の管理が重要だったわけである。この仲村渠のような地形・地質の場合、「湧水点が圧倒的に重要な意味を持つ」（高谷 1984）という指

摘がある。

　段丘上に集落があり、田んぼは段丘斜面や段丘下に位置していたため、刈り取ったイネを集落まで運び上げるのにも、また苦労があった。再度、Z. K. さんの聞き取りを引く。

——当時は仲村渠に馬車が1台しかありませんでしたから。こうなると、先に頼み勝負です。先着順に馬車を頼めるということです。もう無理といわれたら、そこでおしまいです。頼めなかった人は、収穫した米をかついで運ぶしかありません。私は自然にそうとう肩が丈夫になりました。朝からイネを刈っても脱穀できるのは3時ごろです。それをカマスに詰めて……。そうなると4時から夕暮れになる6時までの間に米をかついで上がらないといけません。時間がありません。田んぼのある崖下から、集落のある崖上を見ると天に上がるようです。こんな崖の道を1回に、150斤の米をかついで、休みなく6回往復です。

（当山・安渓 2009）

　湧水周囲や流路から離れた、田んぼとして適さない土地は畑とされた。畑におもにつくられたのは、日常の主食とされたサツマイモと、換金作物のサトウキビである。サトウキビは、現在のように製糖工場に集めて製糖がなされていたわけではなく、各集落に複数あった小規模な製糖小屋にて製糖された。その製糖に使うための薪を得るサーターダムンヤマ（砂糖薪山）と呼ばれる土地が必要であった。サーターダムンヤマは、原野と総称される、耕作不適地があてられ、この耕作不適地は、モー（採草地）としても利用されていた。この原野には、さらに、救荒食となるソテツも生育していた。このほか、耕作不的地のうち、石灰岩の露出地などには、そのような場所にも生育でき、田んぼの緑肥として葉が利用されるクロヨナが優占して生えるウカファヤマとして利用された。

　これら、過度な利用から林というより低木と草が混交している状態のサーターダムンヤマやモーとして利用される原野、緑肥用の林であるウカファヤマが、田や畑とならぶ沖縄島南部の里山の重要な構成要素であった（むろん、先に説明をしたように、湧水とそれから流れる川も重要な構成要素であ

る)。Z.K. さんの家では、700 坪の田んぼに対し、あちこちにパッチ状に散らばっているものを合わせれば、300 坪ものウカファヤマと、1300 坪の原野があったという。

　私がそれまで自身の暮らしの中で出会ってきた、マテバシイを主体とした雑木林のある南房総の里山とも、コナラやクヌギを主体とした雑木林のある埼玉の里山とも異なった、琉球列島の里山の実態が、ようやく少しずつ見え始めた。

4.3　石垣島の里山

　沖縄島南部・仲村渠に続いて、かつての植物利用についての話を聞き取ったのは、昭和 9（1934）年石垣島・登野城(とのしろ)生まれの T.S. さんだった。T.S. さんの話で特徴的だったことは、以下に引くように、馬についての話が豊富に語られたことである。

　――なにより馬が好きだからね。青年のころ夜遊びで、道の門に集まっていろいろ話して遊んだ時代の話です。ここは四箇字(しかあざ)（注：現在の石垣港周辺に隣接してある、登野城、大川、石垣、新川(あらかわ)の四つの集落をまとめてこのように呼ぶ)、八重山の首都ですよ。大浜村にそのころ、名馬がいました。名高い馬のことを八重山ではトゥイディウマ（音に出る馬）といいます。その主が四箇まで芝居を見に馬に乗ってきているよと聞きつけると、青年たちは、村はずれで待っているんです。11 時、12 時……。きた、きた……と。村から出ると、主は馬を走らせます。それを、足音が聞こえなくなるまで聞いていました。それぐらい名馬にあこがれていました。牧場で牛を追い回すときも、すぐれた馬がいないとなかなか牛を捕まえられません。だから「いい馬は家屋敷を売っても買え」というぐらいでした。また、こんな話もあります。ある人が、癖のある暴れん坊の馬を見つけて、これは教え込んだらただの馬じゃなくなるといって世話をしました。そのころ野底(のそこ)に八重山一の馬がいました。ある日、その馬の後ろをついていってみたら、どうも、自分の馬のほうがよさそうだと思って、そのことを人にいったんですね。勝負しても負けないと。そんな話にもなって、これが

評判になりました。名高い馬をばかにしたということになって、ほんとうに勝負することになり、これが勝ったんです。そうなると、ぜひ、その馬がほしいという人が出てきます。この馬を、自分の馬に水牛2頭と10ドルを付けて交換したんです。それほど名馬を持つことは農家の望みであり自慢でした。

(安渓貴子・盛口 2011)

登野城における馬の存在価値は、先のZ.K.さんによる、「馬車が1台しかなかったから云々」という仲村渠とは、ずいぶん異なっているように思える。ただし、仲村渠において「馬車が1台」となったのは、戦後の話であるという。戦前、馬車は5台あった。それが戦争によって馬がいなくなってしまったという話だった。それでもやはり、登野城における馬の存在の大きさは仲村渠に比べ大きいように思える。なぜ、登野城において馬が農家に特別重宝されたかといえば、それはT.S.さんが続けて語った、以下の事情によっている。

――馬は普通、乗用か輸送用です。八重山は山も豊富です。それに、マラリアがあるから農地の側に集落ができませんでした。だから、離れた農地や山に行くとき、馬に乗ると早く行けます。遅くまで畑にいても早く帰ってこれます。集落から農地まで毎日、行きは馬に乗っていきますが、帰りは馬が荷を背負っているので歩きです。馬がかわいそうと馬の草は自分で担いで歩く人もいました。

戦後あたりまで、白保(しらほ)や宮良など各地域にすぐれた馬がいました。急患が出ると、お医者さんを連れてくるためにこの馬を借りて、自分は自分の馬に乗っていきました。これが、つい30、40年前まであったことです。八重山では農、山、田、急患、牧場と、農家が馬にいろんなことでかかわっていたんです。分家をたてるときは、馬も分けるというぐらいです。炭焼きは山の斜面を払い下げてもらうのですが、炭焼き小屋まで木を下ろすのも馬です。

(安渓貴子・盛口 2011)

高島である石垣島では山の利用もさかんだった。また、かつて高島である石垣島の水辺にはマラリアが跋扈していたため、田んぼができる立地と離して、海岸沿いに集落がつくられた。このような事情から、馬はなくてはならないものとされていたのだ。

　馬の話に限らず、田んぼにまつわる話においても、登野城のT.S.さんと仲村渠のZ.K.さんの話には、いろいろな違いがあった。たとえば、T.S.さんは、かつて田んぼの作業とかかわる植物利用について、次のように語った。

——田んぼをならす道具にクルバシャーというものがあります（細長い歯車のようなかたちをしていてこれに綱をつけて牛に曳かせる）。この歯の数は、必ず奇数になっています。クルバシャーは水の中で使うものですからマチゥ（リュウキュウマツ）でつくられています。松は油がありますから水に強いんです。このクルバシャーを曳くのにキャンカザ（リュウキュウテイカカズラ）というつるを使います。これはたいへん繊維が強いものです。戦後しばらくまで豊年祭の綱引きの綱にも使われていました。中にキャンカザを使って、外に藁を巻くんです。このつるがビニール製品のように強い。水にも強い。田の中で牛や馬に曳かせるわけですが、今はビニールがありますが、昔はありません。藁やサミン（ゲットウ）の芯でつくったものは1週間で腐ってしまう。マーニ（クロツグ）の繊維でつくったものなら、水に強いですが、マーニの繊維はそう簡単にたくさん採れません。このキャンカザは田んぼの中に置いておいても腐りません。

（安渓貴子・盛口 2011）

　T.S.さんからの聞き取りを通じて、あらためて現在はあたりまえのように存在するビニール紐のようなものも、かつては販売されておらず、生活や農作業に必要な紐や縄類は、すべて身のまわりの植物を利用していたことに気づかされた[注1]。なお、T.S.さんのこの話を聞いて、再度、仲村渠のZ.K.さんのもとを訪れ、「石垣島の登野城では、田んぼの作業に身近な植物のつるを使用していたという話を聞いたのですが、仲村渠ではどのような植物を利用していましたか？」と質問をしてみた。すると、その返事は、「このあた

りでは野生のつるは使いません。つるがめったにないからです。このあたりには山がありませんから、つるらしいつるができないんです」というものであった（後述するが、栽培されている植物の繊維利用はあった）。高島である石垣島に対して、沖縄島南部の仲村渠は、低島的環境にある。このように繊維利用植物の話からも、里山環境の一端がうかがえることがわかった。

こうした集落ごとの聞き取りの比較を通じて判明した、琉球列島の里山の

注1　T.S. さんからは、さらに以下のようなつる植物を繊維源として利用していたことを教えていただいた。

——アザニ（アダン）の気根はアザナシゥといいます。今でも見つけると、もったいないなぁと思って、採ってきて干しています。アザナシゥは、適当な湿気がないと、なうことができないので、しばらく水に浸けておきます。これも生活の知恵です。なったアザナシゥの綱は田んぼの中に一晩浸けておくと、色が変わって、丈夫になります。正月の凧揚げの紐がありますが、アザナシゥは繊維が立っているので、手元のあたりに使うのはこれがいいんです。木綿の紐だと絡んでしまいますから。馬の手綱もアザナシゥを使います。昔はアザニの繊維で牛を捕るウシゥドゥルヅナ（牛を捕る綱）もつくりました。この綱は手綱の倍ぐらいの太さがあります。

——リュウゼツランは利用した覚えがないです。これに似ていて、棘のない緑の濃いのはサイザルといって、繊維を採りました。海の砂に埋めて腐らせて、繊維を採っていました。強い繊維です。ただ雨に濡らすと硬くなって、縛ることもできなくなって、ちょっと使いにくい繊維でしたね。

——フガラといって、マーニ（クロツグ）から採れる繊維があります。これは綱をつくるだけの量が1回では採れない。山に薪を採りに行くたびに貯めておいてつくるわけです。これは丈夫です。馬の背につけるニウシゥヅナをフガラでつくっている人は特殊な人ですよ。まめな人じゃないと材料を貯めきらんですから。これでつるべの紐をつくっている人は、ものすごくうらやましかったものです。ただ、つるべにフガラを使うと、水汲みは子どもの仕事でしょう……。子どもの手は柔らかいから、フガラの棘が手に刺さるんです。（中略）戦中から戦後にかけてマーニ工場がありましたよ。マーニの1本を葉を落として根っこから採って工場に持っていくと斤あたりで買ってくれました。フガラでたわしをつくっていたんです。

——シュール（シュロ）は細い綱をなうために使います。簔笠もつくりました。

——オーヌバタ（コウシュンモダマ）のつるは、山に薪採りに行ったとき、薪を縛るのに使いました。しかし強くはないので、しかたがないときに使うものです。

——ズービンカザ（タイワンクズ）は、つるが非常に強いです。葉っぱは牛や馬もよく食べます。つるを切ってもいいにおいがします。昔は山に入るときは、鉈とのこぎりだけ持っていきました。うまく材が見つかるかわかりませんし。そして馬を途中において、1人で山に入って、いい材があったら切り出して、馬のところまで下ろして。そこからは馬に曳かせます。そのとき、そこいらのつるを使ってロープをつくって。これ、みんな生活の知恵です。

——クズゥ（トウツルモドキ）のつるは、いろいろなことに使います。

——サルカキ（サルカケミカン・図24）というつるは、棘があるので、サルカキの茂っているところに入ったら、棘に引っかかって、出られなくなります。そのサルカキのつるは、籐のように曲がります。だから、サルカキのつるで昔はゆりかごをつくりました。与那国島のゆりかごは円形といいますが、石垣のは卵形です。サルカキのつるが採れないときは、クズゥのつるを2、3本合わせて使いました。

図 24　サルカケミカン

多様性について、以下の節で紹介していきたい。

4.4　繊維利用植物

　沖縄島北部・やんばるの奥の植物利用について、奥出身の T.S. さんから話をうかがった。その話の中に、以下のように野生植物のつる利用が語られている。

　——家をつくるときはジベーガンダ（ハスノハカズラ）が必要です（図25）。瓦葺きする家は必ず使ったんです。屋根にリュウキュウチクをジベーガンダで固定して、その上に瓦を葺いていきます。このツルは貴重なもの。ある場所も決まっています。湿地に生えるツルです。
　盛口：テイカカズラは使いましたか？　地域によってはこのツルをいろいろと利用するという話を教わったのですが。
　——このツルは使いません。サジトガンダ（ヒョウタンカズラ）が強いツ

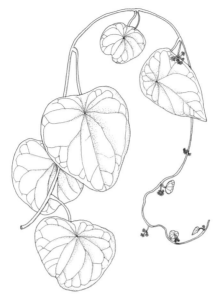

図 25　ハスノハカズラ

ルです（図 26）。これは山のてっぺんの乾燥したところに生えます。針金代わりに使えるツルです。明治のころの猪垣は、このツルを裂いて垣主の札を下げるのに使いました。これはジベーガンダのように柔らかくはありませんが、腐りません。ヤギの首につける綱もこれです。ジルガンダ（ウジルガンダ）は、守礼の門とかに使う、カシの大木を出すときに使いました。ロープがない時代、10 名、20 名で材木を運んだわけ。戦後も何本か、ジルガンダを使って材木を出したはずです。水田のないところは、これで綱引きの綱をつくったりもしますよ。奥間でも綱引きの綱の芯に入れているはずです。

盛口：トウツルモドキのツルは使いましたか？

——これはトゥーといってね、バーキ（笊）の耳とかに使いました。

(蝦原・安渓 2011)

奥では、このほかに、稲藁、シュロ、アダンを材料としても綱などをつくった。琉球列島の島々における、繊維利用植物の利用例について表にしてみ

図26 ヒョウタンカズラ

た(表5)。

　また、繊維植物の利用を、高島と低島(低島的環境)に分けて見てみることにする(表6)。

　稲作を行っていた島(集落)では、高島か低島(低島的環境)かにかかわらず、藁の利用がどこでも見られる。また、繊維を利用する栽培植物であるシュロの利用も、琉球列島全域の広い範囲で見られる。おおまかな傾向としては、高島においては、山地などに生育する野生のつる植物の利用が見られ、また、奥の場合のように、それぞれのつるの特性に合わせた利用がなされていた。このとき、同じ高島である奄美大島と、沖縄島北部、石垣島では、それぞれ、利用されるつる植物が異なっており、かなり地域固有性があることがわかる。このため、琉球列島全体における、繊維利用植物は表のようにかなり多様な種となる(なお、徳之島など、表に含めていない島の利用植物を含めれば、さらに多様になる)。

　一方、低島(低島的環境)においては、栽培植物として管理下にあったシュロや、里周辺に半栽培状態で生育しているゲットウの利用が、ほぼ各島に

4.4 繊維利用植物

表5 繊維利用植物の例（盛口 2011b より）

地域	繊維に利用した植物名 （　）は地方名	利用部位	おもな用途・そのほか
太田（種子）	イネ	茎	馬で曳く鋤につける縄
	シュロ	幹の皮	馬の背に荷をくくるときの縄
清水（奄美）	イネ	茎	屋根のカヤを縛る
	シュロ	幹の皮	縄・蓑・強い
	テイカカズラ（ジバイカズラ）	つる	もっこ・籠の耳
	アダン	気根	縄
摺勝（奄美）	シュロ（ツグ）	幹の皮	縄・細引き・蓑
	テイカカズラ（ジバイカズラ）	つる	いろいろ
	ムベ	つる	キンマ*を引く
	シマサルナシ（クーガー）	つる	キンマを引く
	シラタマカズラ	つるの芯	籠
久志検 （沖永良部）	イネ	茎	
	シュロ（チグ）	幹の皮	簑笠・牛の綱
	アダン	気根	
	ゲットウ	茎	藁より強い・草履・結束用
	アオギリ	幹の皮	川の中に浸けて繊維を採る
与論	イネ	茎	
	シュロ	幹の皮	一番強い
	アダン	気根	アダナスと呼ぶ。シュロに次ぐ
奥（沖縄）	シュロ	幹の皮	各家庭に植えてあった
	ハスノハカズラ （ジベーカンダ）	つる	屋根に使うタケを固定する
	ヒョウタンカズラ （サジトカンダ）	つる	針金代わりに使える ヤギの首につける綱
	ウジルカンダ	つる	綱・山から材木を出すときなど
	トウツルモドキ（トゥー）	つる	筏の耳
仲村渠（沖縄）	イネ	茎	サトウキビを束ねる
	シュロ	幹の皮	牛の鼻綱
	アダン	気根	シュロのかわり
	ゲットウ（サンニン）	茎	縄
	オオハマボウ（ユーナ）	幹の皮	縄・ユーナヂナと呼ぶ
登野城（石垣）	イネ	茎	つるべの紐
	シュロ	幹の皮	細い綱・簑笠 適時、植え替えの必要がある
	アダン	気根	馬の手綱・牛を捕る綱 繊維はアザナシと呼ぶ
	ゲットウ	茎	柔らかいが弱い

(表5つづき)

地域	繊維に利用した植物名 （　）は地方名	利用部位	おもな用途・そのほか
	テイカカズラ 　（キャンカッツア）	つる	クルバシャー**を曳く縄 水に強い
	クロツグ（マーニ）	根元の繊維	綱・つるべの紐・水に強い
	トウツルモドキ（クズ）	つる	ざる
波照間	シュロ	幹の皮	細い縄
	アダン	気根	
	ゲットウ	茎	やや質が落ちる
	オオハマボウ	幹の皮	
	シイノキカズラ	つる	サトウキビを束ねる
	ヘクソカズラ	つる	量が少ない
	クロツグ	根元の繊維	碇綱・一番長持ちする
	トウツルモドキ（クズ）	つる	西表島から採ってきて使う
与那国	アダン	気根	編み籠・繊維はアダチヌと呼ぶ
	オオハマボウ（ユーナ）	幹の皮	縄・縄はガンバナと呼ぶ
	ビロウ（クバ）	葉の芯	ロープ代わり・強い繊維
	クロツグ（バニ）	根元の繊維	縄・これをバニユーダと呼ぶ

* キンマは山から木を下ろすためのそりのような道具。
**クルバシャーは田をならす道具。田で使うため、クルバシャーを曳く縄も、水に強いことが求められた。藁やゲットウの芯でつくった縄は1週間で腐ってしまうという。
与那国の植物利用は『与那国島の植物』（1995）による文献記録を加えた。

共通して見られる特徴となっている。仲村渠のZ.K.さんの話にあったように、山地や森がなく、野生のつる植物が得がたい状況では、栽培植物や半栽培状態の植物から繊維を利用するほかないからだ。そのほか、海岸林に多く見られるアダン（気根の繊維を利用する）とオオハマボウ（樹皮の繊維を利用する）の利用も多い。海岸林は防風、防潮のため、緑地の少ない低島でも保持されるから、繊維源としても利用しやすいからだろう。アダンやオオハマボウは、耕作地周辺などに防風用などの目的で植栽されることもある。

　低島であるものの、唯一、波照間島では各種の野生植物が繊維源とされていたことが聞き取れたが、繊維源として利用されていた野生植物のうち、オオハマボウ、アダン、シイノキカズラは海岸林に多く見られるものであり、そのほかのクロツグとヘクソカズラも人里でも見られる植物であった。つまり、種数は多いものの、山地から得られる植物は含まれていなかった。また、残るトウツルモドキは、島内からの供給ではなく、西表島において採取

表6　繊維利用植物の地域差

	太田 (種子)	摺勝 (奄美)	久志検 (沖永良部)	与論	奥	仲村渠 (沖縄)	登野城 (石垣)	波照間	与那国
イネ	●	●	○	●	●	●	●	○	○
シュロ	●	●		●	●	●	●	●	
ゲットウ			●	●	●	●	●	●	○
アダン			●	●	●	●	●	●	●
オオハマボウ						●			
トウツルモドキ					●		●	●	○
クロツグ							●	●	●
テイカカズラ			●						
ムベ			●						
シマサルナシ			●						
シラタマカズラ			●						
アオギリ			●						
ハスノハカズラ					●				
ヒョウタンカズラ					●				
ウジルカンダ					●				
シイノキカズラ							●		
ヘクソカズラ							●		
ビロウ									●

●：使用例を聞き取ったもの。
○：文献記録など。
地名のうち、太字になっているものは、低島（もしくは低島的環境）。太字になっていないものは高島。

されたものが運び込まれているということにも注目したい。以上のように、全体的に見て、低島においては繊維源として利用可能な野生植物の種数が少なく、高島においてはそれぞれの島で特有の野生植物の利用が見られることが多いといえる。

繊維利用源として栽培されるヤシ科のシュロは、高島、低島にかかわらず、かつては里山に植えられ（図27）、利用されたため、琉球列島の繊維利用植物の中で、利用された島（集落）の分布がイネ（藁）を除外すればもっとも広い（図28）。シュロ同様に広く利用が聞き取れた繊維利用植物としてはアダンの気根がある。ただしアダンの利用は、アダンの自然分布の北限以北にあたる種子島・屋久島からはその利用は聞き取れていない。

シュロの利用について、以下のような内容を聞き取ることができた。

図27　植栽されたシュロ（沖永良部島）

A1・「馬に鋤を曳かせるときの縄は稲藁を使いました。シュロ縄はあんまり強いので、鋤がすぐにいかれてしまうんです。（中略）シュロ縄のほうは馬の背に結わえつけたりするときに使っていました。あと、箕はシュロですね。シュロは畑の脇の土手に生えていました」（種子島・太田）

A2・「シュロはどこの畑にも1本ありました。どこの家も必需品。とくに戦後はいろんなものをつくったから。船の櫓綱とか。背負子とか。船のまいはだにも使ったかもしれない。（中略）1、2年前、一湊のお寺の鐘楼をつくった。その鐘を突く坊にシュロがいいという話になって、どこかにないかと探したことがありました。シュロの木だと打っても鐘を傷めないから……と」（屋久島・一湊）

A3・「シュロは一番いい。長くもつもんね。そうとう植えてあったです。（中略）箕笠もいいものはシュロでつくった。これは雨が降るだけ降っても漏らん。昔は種をまいた」（奄美大島・清水）

A4・「昔は牛の手綱も、シュロで縄をちっちゃく編んで、それを3本合わせてつくったが。牛の鼻綱は、ほとんどツグ。だからツグは各家にありま

図 28 シュロの利用分布
●：利用が聞き取れたところ、○：利用が聞き取れなかったところ。

した。箕もつくりよったです。箕をつくるときはツグの皮をつなぎあわせて」（奄美大島・勝浦）

A5・「シュロは荷ない籠の紐をつくりましたですね。ただシュロはあまり見なかったですが」（奄美大島・蘇刈(そかる)）

A6・「シュロはツグといいます。縄や箕、細引きにして、いろいろな使い方がありました」（奄美大島・摺勝(すりがち)）

A7・「ツゥグ（シュロ）は小さいものがあるでしょう。初めは繊維が短い。だからきれいにけずらんばいかん。そうして置いておくと繊維が長くなる。葉の付け根のところを鎌で切って、皮も取って、もんで広げてそこから繊維を引き抜いてなうわけ。それをやりよった。昔はロープもないし、牛の綱もツゥグ使ったわけ。ツゥグはテル（背負い籠）の紐、それと牛の綱」（加計呂麻島）

A8・「シュロの綱はとくに上等でした。縄をつくったり、箕をつくったり」（徳之島・犬田布）

A9・「シュロの皮を剥いて、ツバキ油を搾るときの袋をつくりました。皮

を二重に重ねて、その中にツバキの種を入れて、松の木に穴を掘って、そこに袋を入れて搾ります。シュロの皮だと、こうしても破れないんです。(中略) 背負い籠の紐もシュロの縄でつくりました」(徳之島・花徳)

A10・「シュロは各家庭にありました。牛の鼻綱は、あれが強いから。カタシ(ツバキ)の油を搾るとき、濾すのに使うのもシュロの皮です。シュロは戦前から終戦後まで各家庭にありました。(中略) シュロで箕をつくるのは、沖永良部島です。ここでは箕はクバ(ビロウ)の葉っぱでつくります」(徳之島・松原)

A11・「シュロはだいたい畑の隅に植えられていたし、庭にも2、3本植えられていましたが、今はほとんど見えません。牛をつなぐのは藁縄じゃなくてシュロ縄でしたし、オーダ(もっこ)もシュロでつくりました。箕もシュロでつくりました(図29)。(中略) 小学生の遠足のとき、屋子母の溜め池まで行ったんですが、そこの近くにシュロがあって、その葉を採っておしりにしいて柄のところを持って滑ると、溜め池の土手をよく滑るんで、そうして遊んでいたら、ものすごく怒られてね。昔はシュロを大事にしていたから」(沖永良部島・知名)

A12・「一番高級な繊維がシュロです。次がアダナス。その次がゲットウで、それと藁。子どものころ、シュロの縄で凧揚げしていたら、怒られたことがあります」(与論島)

A13・「戦前は大事な家財道具のようなもの。奥では各家庭にシュロを植えていた。雨合羽やザルの緒、もっこ、下駄の紐、牛のスルジナ(鼻につなぐ綱)、縄といったものの材料。どのうちの畑にも必ず植えてあった。葉はクバよりも小さくして、うちわにしたり、ハエたたきにしたりした。万能の素材で貴重なもの」(沖縄島・奥)

A14・「シュロは相当ありました。屋敷の外回りはシュロ……チグといいますが、これが植えてありました。ただし、屋敷の中に植えるのはよくないといっていたのですが。家々の半分ぐらいには、チグが植えられていたのではないでしょうか。(中略) ハチジナという、女性が頭に載せて荷物を運ぶときに、頭の上に載せるわっかのようなものや、馬の腹帯はチグでつくりました」(沖縄島・底仁屋(そこにや))

A15・「ここいらで使っていたのはシュロです。シュロの皮を剥いで縄を

図 29　シュロ皮製の笠（沖永良部島）

ないました。これは水に強くてめったに腐りません」（沖縄島・仲村渠）

A16・「縄をつくる材料には、ほかにシュロとかもありました。（中略）シュロも水に強いですから。ただ、このあたりはユーナ（オオハマボウ）を使うことが一番多かったです。シュロはそんなにはありませんでしたから。それこそ金持ちの人の簑はシュロでしたが、金のない人の簑は藁だったように」（沖縄島・小谷（おこく））

A17・「シュロの皮はシュロガーといいました。シュロがないときは、しょうがなくてクバの皮を使いました。昔はシュロは各家にあったものです。雨の日には年寄りがシュロの皮で縄をなって。シュロの縄は水で腐らないんです。つるべのつるとか、もっことか。そういうのにも使いました」（久米島・仲地）

A18・「シュロはある家にはありました。（中略）昔はシュロで牛の鼻綱をつくりました。シュロでつくると長持ちします。あと、井戸のつるべの紐もシュロでつくりました。つるべの紐は水に入れるから、シュロがいいわけです。シュロでつくれない人は藁を使いました、これは切れやすい。そ

れで井戸が深いでしょう。紐が切れたら、取るのがたいへんでしたよ。シュロで紐をつくれば、1年ぐらい、もったんじゃないですか？」（石垣島・川平（かびら））

A19・「シュロではオーダをつくりました」（多良間島）

A20・「シュール（シュロ）は強い綱をなうために使います。箕笠もつくりました。夏の箕は日よけ用で丈を短くします。戦後までシュロを年寄りは使っていました。ビニールと同じように強いから。（中略）昔は年寄りのいる家には1本ずつありました。貴重なものだったんです。1年に何枚も葉が出ないものですし。屋敷の石垣のそばに植えてありました」（石垣島・登野城）

A21・「シュロで細い縄をつくって、クバ笠とかもつくりました。シュロは各家庭に二つか三つはあって、枯れないようにきれいに皮を剝いでいました」（波照間島）

A22・「シュロ？　シュロというのはわかりません」（与那国島・祖内）

（盛口　2016a ほか）

　以上のように、多くの島でシュロは、耐水性の必要な縄や道具の繊維源として、あるいは箕の材料として利用されていた。シュロの栽培状態はいろいろで、各家庭や各畑に植えられていた（A2、A4、A10、A11、A13、A17、A21）というものから、「相当あった」（A3、A14）という場合、「ある家にはあった」（A18）、「年寄りのいる家にはあった」（A20）、そして「あまり見なかった」（A5、A16）という集落まである。安渓によると、西表島ではシュロは観賞用で、シュロ縄をつくることはしなかったという（安渓 2007）。私の聞き取りでも、与那国島ではシュロの利用が聞き取れなかった（A22）。また、伊平屋島においても、シュロは「見かけたことがある気がしますが、その程度です」という話を聞き取っている。シュロを利用しない島（集落）の存在については、後段でもう一度考えてみたい。

　ところが、このように島（集落）によっては家ごとに植栽されていたといわれるシュロが、現在、琉球列島の里をめぐっても、ほとんど目にすることができない状況となっている。里におけるシュロの消滅の要因やいきさつにかかわる聞き取り内容を以下に紹介する。

B1・「うちの畑のわきにも10本くらいあって、どうするかなぁ……と思っています。畑のじゃまになるから切ろうと思うが、まだ残しています」（種子島・太田）

B2・「もう、シュロの木もないですな。シュロは毎年、皮を剝がさんと、木がダメになります」（屋久島・永田）

B3・「シュロは1本枯れたら、みんな枯れる木」（奄美大島・清水）

B4・「シュロは手入れをしないと、木の下に芽生えが出てこなくて絶えてしまいます」（奄美大島・摺勝）

B5・「（シュロがなくなったのは）自然と枯れてしまうんかな」（奄美大島・管鈍）

B6・「10年ほど前、埼玉からシュロの苗を5本くらいもらって、植えてあります」（徳之島・松原）

B7・「シュロは皮を剝かないでおくと、繊維が幹を締めつけて、成長ができなくなるんです」（徳之島・花徳）

B9・「タイワンカブトムシにやられたのは、ほかのヤシの仲間です。シュロはとくにタイワンカブトムシの害はありませんでした。（昭和8［1933］年生まれの私が）小学校5、6年のころは、Kさんの家の門のところに、シュロが一列にならんで植えられていたものですが（中略）、なくなりました」（徳之島・犬田布）

B10・「チグ（シュロ）は、今でもうちに3本あります。これは神戸から取り寄せて植えたもの。花は咲くけど、実はならなくて。じいちゃんたちが井戸のロープとかつくりました。牛の綱とかも」（沖永良部島・国頭）

B11・「（シュロが）なくなったのはタイワンカブトのせいだと思います」（与論島）

B12・「シュロがなくなったのは復帰後じゃないかな」（沖縄島・奥）

B13・「シュロは消えてしまいました。戦前は畑の周囲に植えてありましたよ。家の庭に植えた人もいます」（沖縄島・仲村渠）

B14・「シュロも、今はほとんどありませんね、シュロは昔、種を配られたということも聞きましたが」（沖縄島・小谷）

B15・「シュロはタイワンカブトで枯れたんだと思うんです。仲地では、今、一軒だけにシュロがあります。このシュロを肥培管理して種を採ろう

と考えています。その種を配って、各家にまたシュロを育てようと考えているんです。(中略) おもしろいことに、山にはシュロは生えていません。シュロは外来植物なんですね」(久米島・仲地)
B16・「(シュロは) もう、今は見えませんね。シュロの役目が終わってしまったんですね」(石垣島・川平)
B17・「(シュロは) 戦後しばらくありましたが、消えてしまった。(中略) シュール (シュロ) はある程度大きくなると倒れてしまうので年寄りが苗を植えていました。シュロは時期わからずに皮を剝ぐと枯れてしまうわけ。シュロは今、うちの牧場に3本植えてあるけれど、このシュロは内地の知っている人に頼んで種を送ってもらったものです」(石垣島・登野城)
B18・「シュロは私 (注：昭和18 [1943] 年生まれ) が幼少のころは2、3軒にあったようですが、今は見えないです」(石垣島・白保)

(盛口 2016a、2016b ほか)

　種子島の話者は、まだ畑にシュロが植栽されていると語っているが、ほかの多くの島では、シュロが姿を消してしまったと話者は語っている。ただし、シュロが姿を消した時期についてははっきり特定できる内容は聞き取れなかった。また、姿を消してしまったシュロの種子や苗を本土から取り寄せて、再度植栽を試みているという話者もいた (B6、B10、B17)。
　シュロは琉球列島に限らず、日本の暖地に広く栽培される植物で、九州南部に自生するものがあるとされている (佐竹ほか 1989)。ただし、九州南部原産ではなく、中国原産であるとしている文献もある (岩槻ほか 1997)。シュロはすべてのヤシ科植物の中でもっとも耐寒性があるとされており (岩槻ほか 1997)、暖地に広く見られるだけでなく、私が実見した例では、たとえば宮城県南三陸町周辺でも普通に見ることができる。
　シュロの利用は古く、室町時代からシュロの繊維を利用した縄が存在していたという (飛田 2004)。戦前、シュロ皮を生産していた都道府県は40に上り、昭和25 (1950) 年のシュロ皮の全国生産量は50万貫 (1875トン) に上った。シュロ皮の繊維は、「強靭で弾力性があり特に水中、塩水中において変化、腐朽しないことは非常な強みで漁具、船具、網場用として他に代替を許さない優秀性をもって」いたためである。また、そのうち約半分は和歌

山県で産出されていた（松本 1952）。和歌山県の中では紀北山間部がシュロの主生産地だったが、この地は漁業の先進地域を間近にひかえていたため、シュロ繊維の大量産出を成し遂げていったという歴史がある。和歌山では伝承によれば 13 世紀ごろからシュロの栽培が始まり、明治後半から第二次世界大戦前にかけて縄やロープの需要が伸びた（村上 1999）。シュロ皮は苗を植栽後、10-12 年目ごろより収穫でき、また、1 本の木から標準では年に 6-8 枚の皮が収穫できる。そして植栽されたシュロは 30-50 年ほどで絶えるとされる（松本 1952）。

琉球列島に再度、目を向けてみると、聞き取りの中に「昔、種を配られた」（B14）や、「年寄りが苗を植えていた」（B17）とあったように、里山においてシュロは栽培がなされるものであり、琉球王国時代においては、シュロの植栽が奨励されていたことが記録に残っている。

1878 年に著された王府による植樹制作を記録した文章によると、たとえば金武間切において、ソテツの苗 1 万 7520 本、シュロの苗 350 本、イヌマキ（注：建材として使用される）の苗 212 本を植栽したとある（豊見山 2015）。時代が下がって明治期に記録された島尻（沖縄島南部一帯）の間切ごとの原勝負（『大里村史』によれば、琉球王朝時代の 1814 年に始まったとされ、耕作方法や作物の生育状態、雑草の有無など農作業や農村の環境全般にわたり、優劣を競うもので、明治期になっても続けられたとある）の項目にもシュロが取り上げられている（たとえば若いシュロがきちんと手入れがなされているかどうかが勝負の項目のひとつとされる）間切が多く、具体的な勝負の項目について記載がある 9 間切のうち 7 間切までにシュロに関する項目が存在している（小野 1932）。次節で取り上げるソテツは琉球列島の里山において重要な救荒植物として位置づけられていたものだが、原勝負の項目への記載で比べると、ソテツが 2 つの間切でしか取り上げられていなかったことからすると、シュロは、当時、かなり重要視されていたものだったといえる。現代の話者からの聞き取りの中で、話者が口にした「シュロは大事」（A11）、「万能の素材で貴重」（A13）といった言葉も、このような歴史と無縁ではないだろう。

なお、『琉球諸島の民具』（上江州ほか 1983）には、箕はシュロやビロウの葉、稲藁、カヤなどを素材としてつくられるが、シュロの繊維でつくられ

たものがもっとも高級とされ、シュロは古くは租税のひとつであって、自由にできなかったから、これを使った簑を持つ家は富裕な家であり、明治以前には割と少なかったと書かれている。

　薩摩の施政下にあった奄美諸島でも、シュロの栽培は奨励されていた。文久3（1863）‐明治元（1868）年までの徳之島の島役人であった琉仲為が書いた日記『仲為日記』には「シュロ、ソテツ、竹、イトバショウの植え付け届けを今月中に出すように仰渡されていたが、植え付けができないため日延べするように申し出あり云々（文久3年9月）」といった内容の記述が見られ、シュロの栽培が行政的に指導されていたものであることがわかる（先田 2015）。

　このように、歴史的に重要視されてきたシュロであるが、合成繊維の普及とともに、需要は急減し顧みられなくなることとなった。しかし、ほぼ時を同じくして、本土の関東地方以西では、シュロは栽培下から逸出し、里山周辺や都市部において、野生化した個体の生育が広く見られるようになった。

　目黒の自然教育園の場合は、1954年のフロラ調査のときに栽培種としてはじめてシュロは記載されたが、1966年になると園内に広く分布するようになり、1977年ごろには、いたるところに見られるようになった（萩原 1977）。

　京都・下鴨神社における調査ではクスノキが優占している9.08 haの樹林において見られた木本実生37種1507本のうち、もっとも個体数が多かったのがシュロ（図30）で、総計639本であった（田端ほか 2007）。シュロの発芽実験の報告によれば、シュロの発芽率は80％以上であり、シュロは発芽率が高く、実生の耐陰性も高いことが、栽培下からの逸出、野生化の要因のひとつであろうとされる（萩原 1977）。

　その一方、琉球列島においては、シュロの繊維利用が顧みられなくなると同時に、栽培下におけるシュロの個体数は急減した。

　シュロの個体数の減少については、移入種であるタイワンカブトの害によるものであるという認識を持っていた話者がいた（B11、B15）。タイワンカブトは中国南部からインド、スリランカ、台湾、フィリピン、インドネシアなどに広く分布する甲虫であり、日本においては1922年に石垣島ではじめて見つかった。その後、1975年には沖縄島でも発見された（大城・奥島

4.4 繊維利用植物　95

図30　シュロの実と実生

1980)。確かにタイワンカブトはヤシ科植物を食害するが、タイワンカブトの食害がシュロでも見られるという文献は、現在のところ見つけられないでいる。また、シュロの減少要因がタイワンカブトであるとする意見に対し、否定する話者もいる（B9および、沖縄島・奥の話者による、「シュロが減ったのはタイワンカブトのせいではない」という発言）。シュロの減少にタイワンカブトが関係したかについては、さらに調べる必要がある。では、タイワンカブトの食害以外に考えられる、シュロの減少の要因はあるだろうか。

　植栽したシュロは、50年ほどで寿命を迎えるというが（松本 1952）、聞き取りにおいても同様の内容を聞き取った（B3、B5、B17）。このほかに、管理が悪いと枯死する（B2、B7、B17）という理由づけがあり「手入れをしないと芽生えが出ない」「実がならない」など、繁殖がむずかしいという指摘もあった（B4、B10）。この点について、奄美大島で園芸業を営んでいた故前田芳之さんから「シュロは案外暑がる。チャボジュロなんかは奄美・沖縄ではまったく育たない」というコメントをいただいた。どうやら琉球列島はシュロの生育にとって、適地とはいいがたく、里山のそれも人間の栽培

管理下でなければ、個体群の維持がむずかしいものであるようだ。実際、「山にシュロはない」(B15) という言葉どおり、琉球列島の島々をめぐっていても、本土のように逸出、野生化している個体を見ることがない。

興味深いことに、鹿児島大学構内の植物園を散策してみたところ、シュロの成木と実生が見られた。植物園を紹介した文献にあたると、どうやらもともとシュロは植栽木ではないものと思われた（『鹿児島大学植物園の樹木たち』）。つまり 1.13 ha の植物園内に見られた 3 本のシュロの成木も、33 本の実生（または若木）も、鳥によって種子が運ばれ、定着した個体であるようだ。このように鹿児島ではシュロは栽培下から逸出、野生化することができている。琉球列島において、北限にあたる種子島などで、野生化したシュロの個体が見られないかどうかについては未確認である。このような逸出、野生化が、外気温によって左右されるとしたら、それはなぜなのかという点についても未詳である。ともあれ、本土の里山ではごく普通に見られるシュロが、琉球列島の里山においては動態が異なっていることに着目したい。また、ここに提示したシュロの例は、現在の里周辺を一見しただけでは、かつての里山の姿を推定するのがむずかしい場合があることを示す明らかな例である。

4.5　ソテツの利用

奄美大島南部の、瀬戸内町・清水の I.S. さんは、あちこちの島を訪れてお話をうかがった話者の中でも、きわめて、印象的なお話をしてくださる方だった。なんとなれば、大正 11（1922）年生まれの I.S. さんは、お話をうかがった 2008 年当時も、普段は裸足で生活をしていると、次のように語ってくれたのである。

　　——さすがに足腰が弱くなったが、座っておっても畑仕事はできるよ。自分はずっと裸足よ。うちの親父とか先輩なんて、靴はいて畑いくのを見たことがない。昔の人は少しでも堆肥をつくって、堆肥なかったら今度は砂取って、それを畑に入れてと、しょっちゅう働きよった。今の人は、靴はいて車に乗って畑にくる。贅沢な時代です。自分は小さいときから畑仕事

だから。これが人生だから。(中略) ほんとう、贅沢な世の中。これ以上、ひらけてはいかんのじゃないか？ 宇宙まで行かんでも、そこらに荒れている畑、いっぱいある。お金持ちしか宇宙に行けんでしょう。みんなが宇宙に行けんもん。みんながができることを発明したほうがいいね。自分はなにも知らん。畑にばっかりおるけどね。

(盛口・安渓貴子 2009)

この I.S. さんが、ソテツについても、次のような印象的な話を語ってくれた。

盛口：昔は米をどのくらい食べていましたか？
——子どものころ、米を食べるのは年に何回よ。普段は芋です。今でも自分は芋食よ。芋のない人はソテツ。あれで育ったのよ。今の人にいってもわからんが、ソテツは自分らの恩人だからね。
盛口：ソテツの実（ナリ）を食べたのですか？
——ナリのほうは、経済、よいほうよ。おもに幹を使いました。正月には幹でも焼酎つくったり、あと味噌も。これにはまずソテツを倒して、ツメという皮をけずってのぞいたものを割ってから畑に草ひいて、積んで、草をかぶせて腐らせてボロボロにする。それを家に持ってきて臼でたたいて水換えして……。あれは主食だったからね。味噌や醤油をつくるときは鉋でけずって、当時は護岸のない浜でしょうが、そこへ持って行って広げて干して、ついて粉にして、それで味噌や醤油をつくったりした。ナリからはでんぷんを取りましたよ。

(盛口・安渓貴子 2009)

なお、正確にいえば、ソテツは裸子植物のため、果実を持たない。上記にソテツの「実」とあるのは、ソテツの種子のことである。ソテツの種子は、外側にある種皮外層が赤く、柔らかいため、一見、果実を思わせる。この外層の内側に硬い殻状の組織があり、その内部にあるでんぷん質に富む部分を食用とした（図31）。ただし、以下もソテツの種子に関しては、話者とのやりとりだけでなく、一般においても新聞などでも使用されることの多い

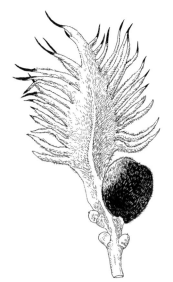

図31　ソテツ種子
先端が羽裂した大胞子葉についている。外層は赤色。

「実」という表記をそのまま使用することとする。

　沖縄県の歴史を紐解くと、「ソテツ地獄」なる言葉を目にする。第一次世界大戦後の大正末期から昭和初期に起こった恐慌を沖縄ではソテツ地獄と呼んでいるのである。

　「極度に疲弊した農村では、米はおろか芋さえも口にすることができず、調理をあやまれば命をも奪うソテツの実や幹を食べて飢えをしのがなければならなかったという、悲惨な窮状をたとえていった言葉である」（新城1994）

　「もともと貧窮な県民生活は、この恐慌によりいっそうみじめなものとなった。三度の食事のうち一回は、野生の"そてつ"を食べたといわれている。"そてつ"からでんぷんを精製して食料にかえるのである。しかし、これには毒性が含まれていたので、製法を誤ると中毒し、そのために死者が出るというありさまだった。まさに"そてつ地獄""飢餓地獄"であった」（新里ほか　1972）

このように、ソテツは救荒食として人々の命を救った植物というより、ときに命を奪うようなソテツまで食べなくてはならない時代があったという文脈でとらえられることがしばしばある。ところが、I.S. さんは「ソテツは恩人」という表現でソテツを語ったってくれたのである。

　奄美大島・清水において、話者の I.S. さんの話の重点のひとつはソテツだった。一方、琉球列島の里山の聞き取り調査を最初に行った、沖縄島南部・仲村渠の話者、Z.K. さんの話には、ソテツが登場しなかった。私は、仲村渠の集落周辺でソテツの生育を見なかったこともあり、そのことをとりたてて不思議とは思わなかった。ところが、奄美大島などでの聞き取りから、琉球列島の里山において、ソテツは重要な位置を占めていたのではないかと思い、仲村渠でも、ソテツの利用があったのではないかと思うようになった。前節のシュロのように、現在の里山から姿を消してしまっている植物があることに気づいたことも、この予測を強めた。実際、あらためて Z.K. さんのもとを訪れ、ソテツについて話を聞くと、仲村渠においても、ソテツがかつて生えており、利用もされていたことを語ってくれた。

　――ソテツには赤い実がなりますね。これを半分に割って、中の白い身を取って、イモクズ（サツマイモから取ったでんぷんのこと）を取るときみたいに粉にして、水中で溶いてでんぷんを取りました。ソテツの実はアカミと呼んでいたので、アカミのでんぷんでつくった餅は、アカミナントゥーと呼んでいました。私の家ではつくっていませんでしたが、人のつくったものを、何度が食べたことがあります。ナントゥーは、コムギとかトーナチン（キビ）から、よくつくっていましたが。アカミは毒素があるので、7回以上、水洗いして、毒分を抜くといっていました。何度も新しい水に浸けてと繰り返さないと体に悪いと。(中略)
盛口：ソテツの幹のでんぷんを利用したことはなかったのですね。
　――なかったですね。

(盛口 2013b)

　奄美大島・清水の I.S. さんと、沖縄島・仲村渠の Z.K. さんの話を比べると、次のような共通点と相違点がある。

（共通点）食用とするまでの間に、なんらかの処理が必要とされる
　　　　実を食用とする
（相違点）清水→日常食　　　　　　仲村渠→日常食ではない
　　　　清水→幹を食用とする　　　仲村渠→幹は食用としない
　　　　清水→ソテツは主食。味噌や醬油の原料　　仲村渠→餅の原料
　　　　清水→実はナリと呼ぶ　　　仲村渠→実はアカミと呼ぶ

　このような比較から、どうやら「ソテツ地獄」という言葉に喚起される一方的なイメージではくくれない、ソテツの多様な利用があったのではないかと思えてきた。そこで、以後、ソテツについて、より重点的に話を聞くようにするとともに、島ごとのソテツの利用について、比較をしてみることにした。

　ソテツは、実も幹も食用となる。ただし、有毒成分を含むため、そのまま食用とすることはできない。

　ソテツの有毒成分はサイカシンという配糖体である。サイカシンは、微生物の酵素によって分解され、メチルアゾキシメタノールとなり、これは容易に分解してホルムアルデヒドとジアゾメタンになる（安渓貴子 2015）。すなわち、ホルムアルデヒドや、そのもととなるサイカシン、メチルアゾキシメタノールをとりのぞかないと、食用として利用することはできない。その毒抜き方法について調査した安渓貴子は、琉球列島の島によって次のような3つの方法があることを報告している。

① 　タイプA：水さらし→加熱
② 　タイプB：発酵→水さらし→加熱
③ 　タイプC：水さらし→発酵→加熱

　サイカシンやホルムアルデヒドは水溶性であるため、水さらしが有効となる。先の仲村渠のZ.K.さんの話の中で、実を何度も水にさらして毒を抜くという話があったのは、これにあたる。また、微生物の酵素の働きを利用してサイカシン自体を分解するのが発酵を利用する方法である。種子の毒抜きに関しては、水さらしの実で毒が抜けるが、繊維分の多い幹から毒を抜くには、発酵を利用する必要がある。清水のI.S.さんの話の中で、幹の外皮（ツ

メ）をとりのぞいた後、細かく割ってから、畑に草をひいたものの上に広げ、その上に草を載せて腐らせる……とあったのが、発酵の過程にあたる。また、ホルムアルデヒドやジアゾメタンは揮発させることができるので、加熱処理は、毒抜きを確実にする働きがある（安渓貴子 2015）。

　毎年のように台風が襲来し、また年によっては干ばつの被害も受ける琉球列島に住まう人々を飢饉の危険性からおおいに救ったのが、サツマイモの導入だった。しかし、それでもまだ、飢饉の危険性がゼロになったわけではなく、琉球王国時代、農業技術の普及や杣山制度の制定に力を尽くした蔡温は、農業の手引書として著した『農務帳』の中で、救荒食としてソテツを植栽することを、各間切に通達し、さらにソテツの毒抜き方法について、『農務帳別冊』に記した（安渓貴子 2015）。1768 年に作成された後、時代ごとに改訂された『八重山農務帳』（最終版は 1874 年）には、現代語訳すると「ソテツは食料の補いになるものである。耕作できない石原とか浜辺でも、寒暑や風雨に耐えて盛んに育って大変重宝なものである。一軒に二十本は植えておくべきである」（仲地ほか 1983）という記述が見られる。

　このような王府のソテツの植栽奨励策の結果がどのようなものであったかを推し量る資料が存在する。前節でシュロの植栽本数を紹介したが、この数値が書かれていた、琉球王国末期にあたる 1878 年に記された、王府の田地奉行が各間切を回り、民情をくわしく記した古文書である。この古文書の解析から、当時、間切にどのくらいソテツが植樹されたかということがわかっている。この古文書の解析の結果では、沖縄島と伊江島を合わせたソテツの植栽数は、75 万 5151 本という膨大な数に上っている。たとえば、仲村渠の所属する玉城間切においても 2 万 6749 本のソテツが植栽されていたとある（豊見山 2015）。

　1771 年の明和の大津波以降、人口減少という問題を抱えた八重山への施策として、1856 年に王府から派遣された翁長親方は、1 人あたり何本という具体的な数をもって植え付けを強制した。その総数は、当時の人口にあてはめて推測すると、八重山全体でおよそ 9 万本になるという（高良 1982）。

　また、起源は不明であるが、沖縄島の各間切では間切内法が王府の指導で作成され、執行された。その内容は、明治 18（1885）年の調査によって届けられた資料（「沖縄県旧慣間切内法」）によって明らかにされている（『沖

縄大百科事典　下』)。『沖縄県史　第14巻　資料編4』に掲載された「沖縄県旧慣間切内法」に見られる、島尻の間切ごとの、内法に見られるソテツに関する条項をチェックすると、どの間切においても、「ソテツの苗を植え付けることが行き届いていない村には料金（罰金）を申し付ける」とされ、間切内の村内法にも、「山野のソテツの葉を刈り取ったものには、料金を申し付ける」といった記述が見られる。このような記述を見ると、少なくとも明治初期までは、沖縄島南部において、ソテツの植栽・保護が奨励されていたように思える。

　また明治14（1881）年は、2月ごろから5月ごろまで、天候不順のため主食とされていたサツマイモが不作となり、小飢饉が起こった年であったが、ちょうどこの年、2代目の沖縄県令であった上杉茂憲が、沖縄県下を視察して回ったため、沖縄県の各間切で、ソテツ食が見られたことが記録に残されている（『沖縄県史　第11巻　資料編1』)。この記録から、明治期においても、沖縄島各間切においてソテツが植栽されていたことと、飢饉のおりにはそのソテツが利用されていたことがうかがわれる。

　ところが、現在、たとえば聞き取り調査を行った沖縄島南部・仲村渠や石垣島・登野城周辺においてソテツの姿をほとんど見ることはない。

　石垣島において、ソテツが見られなくなった経緯についてふれた、次のような文献がある。

　「昭和の初め頃まで八重山の山野には至るところに蘇鉄が繁茂していたが、パインや甘蔗作りが盛んになって、蘇鉄はほとんど切り倒され、わずかにところどころに昔の面影を残しているばかりである」（宮城　1972）

　また、仲村渠周辺においてソテツが見られなくなった経緯について、Z. K. さんは次のように語ってくれた。

　——（ソテツは）いっぱいありました。原野や、畑の畦道の脇などにたくさん生えていましたよ。それが、終戦当時、中南部から避難してきた人たちがたくさんやってきて、その人たちが掘り起こして食料としたため、ソテツは消えてしまいました。終戦後、百名村に瓦葺きの大きな家、屋敷が焼け残っていて、そこを米軍の部隊が避難民を掌握するため、本部として使用しておりました。それで、那覇や大里あたりからの避難民が、米軍の

兵隊に誘導されて玉城に歩いて集められてきました。その人々を、米軍が、あちこちに居住配置をしたわけです。仲村渠にも、百名にも、下田も、そうした人々が分散して住んでいたわけです。もう、今の何十倍もの人口になりました。食料の配給はありましたが、それだけでは足りません。それで、飢えをしのぐために、原野のソテツを採って食べたわけです。その現場を直接見たわけではありませんから、いつ採られたのかもわかりません。原野のソテツは、1本もなくなりました。私はしばらくして、原野に行ったら、もう土が掘り起こされていて、親株だけが残っていて、まわりの子株がみんな掘り起こされて食用とされてしまっていました。子株は柔らかいから、子株を掘り採ったんでしょう。親株は、幹の中にカジと呼ばれる硬い部分があって、その中にでんぷんの入っている芯があります。その当時はちゃんとしたカジを取り除くための道具があったわけでもなかったでしょうから、子株を掘ったんじゃないでしょうか。そうして周囲をすっかり掘り起こされてしまったからか、親株も枯れてしまい、すっかりソテツを見なくなったわけです。

(盛口 2013b)

　一方、ソテツの実が今もなお食用として利用されている集落や、まとまったソテツの植栽が見られる集落も存在する。
　たとえば、久米島・仲地では、以下のようにソテツの実の食用利用の話を聞き取るとともに、実際に調理されたソテツの実の料理（ターチーメー）をご馳走になった。

　——ソテツの実は、今でも食べてるよ。まず、実を割ってから、干すさね。それを1回粉にして、乾燥させる。それから水に浸けてアクを抜いて、水からあげて、麹をたたせてから、ちゃんと洗って粉にする。それを野菜と一緒にターチーメー（注：雑炊）にしてね。野菜を出汁と一緒に味もつけて煮て、最後に粉を入れるんですよ。ターチーメーはおいしいよ。ソテツの実を採るのも、自分のところの山から。今は採る人もいないし、残っているソテツから実を採ってくるよ。
盛口：ソテツの幹のでんぷんは食べませんでしたか？

——木を食べるというのは、聞いたことはあるけれど、あれは実よりもアクが強いでしょう。木から粉を取るのは、やったことがないですよ。

盛口：ソテツの実のことは、なんと呼びますか？

——スティクンナリと呼んでいました。

(盛口 2013b)

ソテツは救荒食として里山に植栽が奨励された歴史があるが、ここで語られた「ソテツを今でも食べている」「(ソテツの実でつくった) ターチーメーはおいしいよ」という言葉は、「救荒食」とは、ニュアンスが異なったものとしてとらえられる。また、ソテツの実を今も食材として扱う人のいる仲地においても、ソテツの幹は利用しがたいものとしてとらえられていた。奄美大島・清水の I.S. さんは、先に引いたように「芋のない人はソテツ。あれで育ったのよ」と語っていた。すなわち、集落または経済状態によって、ソテツは救荒食というより、日常食として位置づけられていたことがわかる。また、同じく I.S. さんからの聞き書きに「ナリ（ソテツの実）のほうは、経済、よいほうよ。おもに幹を使いました」とあったように、実よりも幹のほうが、より救荒食的（ただし、幹を主食的に食べていた集落や時代もあった）であるといえる。

島々におけるソテツ利用に関する聞き取りを以下に列挙してみる。

C1・「ナリ（ソテツの実）を採ってきて（図32）割って干すと、殻から身が取れます。これを川に行って、浸けます（図33）。そうすると、泡が出るんですよ。何日も流れる川の上流に置いて、泡が少なくなるのを見て、干して、もういっぺん、川に浸けて、それでお粥をつくりました。ナリガユは私なんかも、おなかの薬といって、何回か食べたことがあります。ソテツの幹を伐って、川に浸けるとこれもぶくぶく泡が立って。臭くなるまで浸けておいて、それを切って、何回かあげて、浸けてを繰り返さないとだめで、それを干していいだろうといって食べます。私は、食べたというよりも、口に入れたことはあります。隣にじいさん、ばあさんいて、そこに遊びにいったとき、おいしそうに食べておって、それをじっと見ていたら、"あんたには食べられんよ"というから、"食べられます"といって食

図 32　ソテツの実の採集（沖縄島・奥）

図 33　ソテツの実を流水にさらす（沖縄島・奥）

図 34　ソテツの幹を切る（沖縄島・奥）

図 35　ソテツの外皮を剝ぐ（沖縄島・奥）

べたら、ひとくち食べて吐き出してしまいました。臭いし、味はしないし、口に入れた途端に吐き出してしまって」（奄美大島・用安（ようあん）　大正12［1923］年生まれ）

C2・「ナリだけでなく、ソテツの幹も食べました。雌は切らんで、雄の木を切って、皮を剝いで、パインのように切って。食べるときはあく抜きをして、臼でついてお粥にして。米をちょっと入れて。おいしくはないけど」（奄美大島・大笠利（おおがさり）　昭和12［1937］年生まれ）

C3・「戦後はソテツが命つなぎでした。実も採るし、雄の株は切ってでんぷんを取りました。お米もそれほどなかった時代です。お米を1合炊いて、ソテツを混ぜてお粥にして。お米のないところでは、ソテツだけのお粥です。ソテツの実のお粥さんは、いいほうだったですよ。ソテツの幹を採って（図34）、発酵させて。幹の外側の黒い皮を剝いで（図35）、中を

第 4 章　里山の多様性

図 36　ソテツの幹を割る（沖縄島・奥）

図 37　幹を割ったものを干す（沖縄島・奥）

図 38　幹を割ったものを発酵させる（沖縄島・奥）

割って（図 36）、干して（図 37）、それを埋め込んでおくと（図 38）、カビが生えてきます。今度は水に浸して、ついて、水洗いして溜まったでんぷんを使いました。実でお粥さんをするときは、実を二つに切って、干してカラカラにして、それをやはり埋め込んで発酵させて、それを水に浸けてから粉にして、これでお粥さんをつくりました。実のほうが食べやすかったですね。ソテツを食べなかったら、命つなぎができませんでした。昭和 30 年代に、子ども会で、ソテツのでんぷんを買ってきて、それをちょっとだけ入れてお粥さんをつくりましたけど、そのころはもう、子どもは食べんかったですね。臭いといって。ソテツを食べていたのは昭和 20 年

4.5 ソテツの利用　107

代のことです。ソテツの幹で焼酎もつくりました。焼酎をつくるときは、発酵のさせ方が違うんです」（奄美大島・勝浦　昭和13［1938］年生まれ）

C4・「ソテツのナリ、あれはまず、採って、砕いてね、それで味噌をつくる。あと、でんぷんを取る。ソテツの幹もそうですね。皮を取って、中身だけ取って、中身の中に、さらに芯がありますが、これは上等なんです。戦中、戦後、ソテツのお粥を食べなかった人はいなかったでしょうね」（奄美大島・蘇刈　昭和9［1934］年生まれ）

C5・「ナリから味噌をつくったのは覚えています。幹のでんぷんを食べたというのは全然わかりません」（奄美大島・久根津　昭和21［1946］年生まれ）

C6・「篠川の人が、ミカンと交換でナリを買いにきよったです。今ごろ。運動会のころ。篠川の人がミカンを持ってくるから、子どものころ、ナリとミカンを交換して、親に怒られよったです。（ソテツは）軸も食べたし、実も食べたし。実は味噌にもしました。茎から取ったでんぷんでお粥をつくって。これはセンガイといいます。ここではでんぷんのことをセンというから。幹から取ったセンは真っ黒。実からつくった粉は白です。ソテツの幹を切って、皮を剥いて、割って、カンカン干してから発酵させて。そうするとしほむ。これを今度は麹を落として、干して蓄えておいて。水に浸けて砕いてからでんぷんを取って食べました。こんなふうに、とっても手間がかかる。センを取るときは、枝が出ているソテツはあかん。それと雄花しか取らないの。雄花が萎れてから取るわけ。雌からもセンは取れるけど、雌はナリがなるからもったいない」（奄美大島・管鈍　昭和13［1938］年生まれ）

C7・「ここでは幹をあまり使いませんでした。使ったのは実です。実を真ん中から割って、中を出して、いくつかにたたき割って干します。これを挽き臼で挽いて粉にして、水であく抜きをするんです。あく抜きしたソテツ粉は真っ白くなって、これで団子にしたり。密造酒をつくっていたとき、ソテツの実を入れるとよかったという話を聞いたこともあります」（徳之島・犬田布　昭和8［1933］年生まれ）

C8・「シティチの実……ナリは、やりようでは猛毒です。牛が5個ぐらい食べると死ぬんです。私の若いころにありました。ナリから味噌をつくる

から、実を庭に置いておいたら逃げた牛がこれを全部食べて死んでしまったんです。実の皮は毒じゃなくて、糖分があるらしいけど、そのまま全部食べてしまって、中の毒にあたって。ナリだけじゃなくて、戦時中の18、19年は飢饉で、幹まで食べました。私も食べたことが1回ぐらいあります」（徳之島・松原　大正15［1926］年生まれ）

C9・「ソテツは昔の食料ね。赤い実があるでしょう。割って、中身を出して、アクが強いから、粉にして水に浸けて、それを食べるわけ。お粥さんにして。昔はお米だけ食べるということはなかったよ。お米は少しで、それにソテツを混ぜて。昔は子どもが多かったから。鍋いっぱい炊いてね。主食はお芋さん。これが1日3回。そのたしにソテツ粥を食べて」（徳之島・面縄（おもなわ）　昭和4［1929］年生まれ）

C10・「当部にはソテツはあまりないから、ナリを花徳まで買いにいきました。細い坂道を登って降りて、花徳まで行って。たぶんそのころはお金がないから、ナリをなにかと交換したんじゃないかと思います」（徳之島・当部（とうべ）　昭和20［1945］年生まれ）

C11・「馬根ではソテツを食べたことないよ」（徳之島・馬根（ばね）　昭和13［1938］年生まれ）

C12・「（ソテツの）幹の外側はかんなをかけて、外で干して、二、三度雨にぬらして、そうしてから野菜替わりにしよった。そんなにおいしくはないが。幹の真ん中のところは、でんぷんを取って、粉からお菓子とかもつくった。（ソテツの実を）ヤラブというのは、野良の貴重品という意味だよ。ただね、実の毒抜きを家でしようと、たらいの水でしていたら、その水を飲んで子どもが死んでしまったということがある。隣の家の子でかわいそうだった。牛も実を3個食べると死ぬという。牛の綱が切れて、ソテツを食べてしまうと、死んでしまう。あと、ソテツは雄を入れないと、実ができない。雄花を切ってきて、はずして、これを柄杓みたいなのに入れて、雌花の開いているものに入れる。これは子どもたちの仕事」（沖永良部島・久志検　昭和9［1934］年生まれ）

C13・「ソテツの実が主食。朝昼晩と食べたよ。（中略）うちらは幹は食べてなくて、実だけです。ソテツの実の粉を炊いて砂糖を入れてようかんみたいに固めたものはタチガンといって、これはおいしかった。普通のソテ

4.5 ソテツの利用

ツのお粥はヤラブケーといっています」(沖永良部島・国頭　昭和23[1948]年生まれ)

C14・「実を食べるのは、ぜいたくだったといいます。明治26、27年の飢饉のときは、実がなくて幹を食べていたそうです。出征兵士を送りにいったときに、幹を食べる様子を一度だけ見たことがあるけれど、黒い皮を落とすと、中に肉があって、その中に軸があります。その幹の中身をヘラぐらいに薄く切って、山のところに干してありました。中の軸のところが一番おいしそうだけど、もちろん、もののないときに食べたらおいしいといっていたものでおいしくなんかないんですが。草原で乾燥させて、乾燥したらカマスに入れて発酵させて、それを水の中に浸けてアク抜きして、砕いて食べるといいよったな。実を採るにも、昔の人は雌花と雄花を交配させることがわからなかったそうですけど、明治25年ごろに交配させるといいというのが伝わって、交配するようになりました。どんな飢饉があっても、ソテツがあるうちは死なないと思っています」(与論島　昭和元[1926]年生まれ)

C15・「私は子どものときによく食べました。戦後も食べました。ナリのほうは、味噌もつくれるし、モチもつくれます。幹のほうは、そういうのには使えません。大根みたいに炊いておかずとして食べたのは幹のほうです。それを製造する過程がむずかしいわけです。幹の芯が長くあるので、それを輪切りにして、カラカラに干して、水分に浸けて毒を抜きます。それを取り上げて、藁やむしろで包んで保管すると、カビが生えてきて食べられるようになります。食べるときは、洗って炊いて。昔は豚の脂があったから、脂、砂糖と入れるといいおかずです。これはスチチジャーといいます」(与論島　昭和3[1928]年生まれ)

C16・「ソテツを食べて育ちました。幹は食べたことがありません。実から味噌をつくったり、お粥にしたり。ドゥシーメー(雑炊)をつくったり。スチチムッチャーというお餅をつくったり。おもには味噌でしたが」(与論島　昭和元[1926]年生まれ)

C17・「幹を伐って、水に浸けて、でんぷんにして食べましたよ。われわれが小さいときの話です。実も割って、中身を食べたことがあります。今の若い人はわからんはず。でんぷんは片栗粉みたいに、調理するとぷるぷ

るして。今でも食べようと思えば食べれるけど、手間がかかるから。昔は食べものがなかったから食べていたんです」(伊平屋島・島尻　昭和19 [1944] 年生まれ)

C18・「(ソテツの幹の加工は) 男の人がおるところは男がやる。私らみたいなところ (注：ご主人を戦争で亡くされた) は自分でやる。ケーラニー (幹の外皮と芯をとりのぞいたものを短冊状に切ったものをケーラと呼び、これを毒抜き、加工した食品をケーラニーと呼ぶ) はおいしかったよな。幹のでんぷんから味噌もつくりよった。実はご飯にするものだから、もったいなくて味噌にはしなかった」(沖縄島・奥　大正5 [1916] 年生まれ)

C19・「ソテツの幹の真ん中にある、ナガジクと呼ばれる部分のでんぷんは、真っ黒く、酸味があり、あまりおいしくない。これは油で炒めて食べたり、お粥に入れて食べたりした」(沖縄島・奥　昭和3 [1928] 年生まれ)

C20・「ソテツのご飯と合うのはバターです。これ、最高。今でも一番のご馳走と思っている」(沖縄島・奥　昭和12 [1937] 年生まれ)

C21・「私が子どものころ、海の大きな石の上にケーラが干されていたのを覚えている。昔食べていたケーラニーはムチムチしていた。毒抜きしたケーラを、ソテツのでんぷんと一緒に煮て、煮えたらその上にでんぷんをふりかけると、ムチムチになっておいしくなる。ソテツのでんぷんがないときは芋のでんぷんでもいいそう。ソテツのでんぷんを使ったカステラもおいしかった」(沖縄島・奥　昭和17 [1942] 年生まれ)

C22・「実は2つに割って、2、3日干すと中身が縮むから、ぽんと中身が殻からはずれるようになる。実から取ったでんぷんを混ぜたご飯はトトチンナイメーと呼ばれる。ソテツの実のでんぷんからカステラもつくられた。実のでんぷん以外に、幹からケーラを取る。発酵させて毒を抜いたケーラは、炊いてそのまま食べた。芋みたいな感覚です。中に繊維分があるから、その部分は捨てて」(沖縄島・奥　昭和23 [1948] 年生まれ)

C23・「(ソテツは) あんまり食べることはありませんでした」(久高島　昭和14 [1939] 年生まれ)

C24・「(ソテツは) 食べなかったよ。宮古本島ではアクを出さずに食べて死んだ人がいるよ。池間でも食べた人はいるけれど、私は食べていない」

（池間島　昭和7［1932］年生まれ）

C25・「（ソテツの幹は）よく食べたんだよ。まだ実家にいるとき、木を伐って干してからよ。ただ、これで中毒して死んだ人がいるから、それからこわくてつくらなかったよ。実も食べるみたいだけど、自分たちは食べていない」（多良間島　昭和9［1934］年生まれ）

C26・「ソテツの幹を倒してかんなで削って干したことは覚えているけど、食べた記憶はないですね」（多良間島　昭和12［1937］年生まれ）

C27・「ソテツは、芋と同じように幹をチップにして干して食べるけど、自分は小さいころ、なんとなく食べたような気がする。ぬるっとしておいしくなかったような」（多良間島　昭和18［1943］年生まれ）

C28・「ソテツを食べたという話だけは聞いています」（多良間島　昭和23［1948］年生まれ）

C29・「ソテツの利用といったら、食べること、虫かご、箒でしょうか。僕もソテツは食べたことがあります。アクが強くて、おいしくないものという思いがありますが、戦後は食糧難でしたから。八重山は、芋が主食です。米もつくっていましたが、これはお金にするものです。あとは病気のときに食べるもの。ところが、戦争中は、芋も兵隊さんがみんな取ってしまった。それでソテツの幹からでんぷんを取って食べました。ソテツの実も食べましたが、実のでんぷんは高級品です。幹のでんぷんを食べるときは、幹の表面を削り落として、中を鉈で削って、アクを抜いて干して臼で粉にして、その粉をふるってから団子で食べました」（石垣島・登野城　昭和9［1934］年生まれ）

C30・「白保はソテツあった。食べたよーという人も多いから。赤くした実を採ってきて、2つに割って。中の白いものを取って。水に漬けてアクを取って。それをついたらでんぷんが取れるし、ついたかすは乾燥させてから味噌をつくる。これの味噌はおいしい。今はなかなかないね。ソテツの味噌をつくるのはめんどうくさいよ」（石垣島・白保　昭和3［1928］年生まれ）

C31・与那国島ではソテツのことをトゥディチと呼ぶのよ。ソテツの実のことはタニングといいます。今の子はタニングといってもわからないんじゃないかな。ソテツの実から味噌をつくったんだけど、これはソテツ味噌

とはいわないで、タニグルミソと呼んでた。ソテツの実を採ってきて、割って干して、石臼で挽いて。そんなふうにして味噌をつくった。うちではつくったことはないけれど、隣のばあさんがつくっていたので食べたことはあります。ソテツの実を味噌にして食べたことはあるけれど、主食替わりに食べたことはなかった。幹のでんぷんを食べたということもない」
（与那国島・祖納　昭和12［1937］年生まれ）

　上記のように琉球列島の各島においてソテツ利用が見られた。その一端は、ソテツの実を表す言葉が各島に存在していたことからもわかる（図39）。また、話者によって、ソテツの食品利用のあり方はさまざまだった。ソテツは味噌の原料として利用したと語る話者もいる（C4、C6、C15など）。ただし、味噌にするのは幹のでんぷんで、実のほうはご飯代わりになるものだから味噌にするのはもったいないと語った話者もいる（C18）。さらには奄美大島・清水のI.S.さん同様、「主食として食べた」（C13）と語る話者もいる。その一方で、ソテツを食べたことがないという話者もいる（C11、C23、C24、C26）。救荒食としてソテツは、戦中戦後の食糧難と関連して語られることも多い（C3、C4、C8、C28）。
　「ソテツを食べたことがない」という話について、考えてみたい。これは、まず、年代による違いが考えられる。現代に近くなるほど、ソテツの利用は少なくなり、ソテツを食べた経験のある話者は減る。たとえば、C25-C28は多良間島における聞き取りだが、昭和9［1934］年生まれの話者は「よく食べた」とあるが、昭和10年代生まれの話者になると、食べた記憶があいまいとなり、昭和20年代生まれの話者では、話を聞いたことがあるだけで、食べたことはないということだった。戦中戦後の食糧難と関連して語られることも多いから、昭和20年代以降の話者がソテツを食べたことがないというのはうなずける。なかにははっきりと、「ソテツを食べたのは昭和20年代まで」と語った話者もいる（C3）。このような時代による変化は、どの島でも同様だろう。
　沖縄島においては、ソテツは「救荒食」というイメージがつきまとう食品であると書いたが、琉球王国時代の1762年に著された『大島筆記』には、「琉球人の下々の階層のものたちは、雑穀やソテツの餅を食している」とあ

図39 ソテツの実の呼称

り……つまり、ソテツから取ったでんぷんを日常食にしていたと考えられる（豊見山 2015）。それが時代を経て、おもに救荒食として位置づけられるようになり、さらには食べたことがないものへと変化する。

しかし、時代によるソテツの食品利用の変化は、島によっても異なっている。同じ昭和23（1948）年に生まれた話者でも、多良間島の話者は、ソテツを食べるというのは話にしか聞いたことがないと語ったのに対して、沖永良部島・国頭の話者は「ソテツが主食」（C13）と語り、沖縄島・奥の話者も、ケーラと呼ばれるソテツの幹を加工した食品の食感について述べている（C22）。久米島の仲地がそうであったが、ほかにも昭和20年代以降も、ソテツを食料として利用している島（集落）はあるわけだ。

ソテツ利用についての聞き取りからは、同じ島内にあっても、ソテツの利用には違いがあることも見えてきた。たとえばC7-C11は徳之島における聞き取りだが、ソテツを食べなかった集落（C11）があることや、ソテツの植栽量が少なかったために、交換によってほかの集落からソテツの実を得ていた集落（C10）があることがわかった。この、ソテツの実を交換によって得

る話は、奄美大島でも（C6）聞き取っている。

このようなソテツの存在の有無や位置づけの違いが、どのようにして生じたのかについては、食糧源としてのソテツを見ていくだけでは十分にわからないところがある。次節において、ソテツの多角的な利用について見ていく中で、このようなソテツの利用の違い、ひいては琉球列島の里山におけるソテツの有無や位置づけの違いを見ていくことにしたい。

4.6 緑肥の分布

沖縄島南部・仲村渠のZ.K.さんの話から、かつての沖縄島南部の里山において、耕作地のほかに、ウカファヤマと原野がセットになっているということが見えてきた。また、沖縄島南部では、ソテツは原野に植栽されていたということであった。

前節で少しふれたように、ソテツがあまり植栽されていない集落もあったのだが、ソテツが植栽されている集落では、耕作地の境界、とくに段々畑の境界にソテツが植えられていることが多かった。これは境界をつくるとともに、防風垣としての意味合いもあった。与那国島では、防風用の畑の垣として、アダンとソテツが植栽されていたという。より風の強い北側にはアダンを、より風の弱い南側にはソテツが使われ、畑の中の小さな区分にはもっぱらソテツが使われていたともいう（盛口 2013b）。奄美大島でも、「ソテツは、境界として、段々畑のところに植えられていたね。防風用にも一番いい。木になるものだと、風はよけても日陰になるでしょう。だから、畑の境界でね、ソテツの右に出るものはないと思うよ」という話を聞いた。また、奄美大島では、畑の境界にソテツを植える理由として、「ソテツを畑の脇に植えると、ソテツは根粒菌があるからね、作物のできがよくなる」という話も聞いた（盛口 2013b）。

ソテツを畑の境界として植えていたという話は、多くの島（集落）で聞き取ることができたのだが、それ以外に、ソテツは原野に植栽されているという回答と、特定の名称を持つ場所に植栽されていたという回答があった。

たとえば奄美大島では、里周辺においてソテツが植えられていた場所は、スティツバティ（ソテツ畑）と呼ばれる場所であったという。

——ソテツは宝です。全部、使えますから。急斜面にもソテツは植えてありました。ソテツ畑と呼んだのはソテツが畑の一環としてあったということです。食糧資源だったわけです。

(盛口 2013b)

　このように、奄美大島では、ソテツは「宝」として語られ、そのソテツが植えられていた場所は「畑」であった。ソテツの生育していた場所の名称を島々で聞き取ると、それは島々でさまざまであった。が、ソテツの生育している場所が固有の名称を持つ場合は、それだけソテツが重要視されていた証であったということができそうだ。
　先に畑の境界としてソテツを植栽する場合、ソテツの根粒菌が肥料源として作物にも効くという話があったが、これと関連し、ソテツを田んぼの緑肥として利用していた島（集落）が存在する。
　田んぼの緑肥として、どのような植物を利用していたかについて聞き取ってみると、以下のようであった。

D1・「自分たちはレンゲを採った後に田んぼをつくっていました。レンゲの上のほうは馬の飼料ですね。レンゲを田んぼでつくりだす前は刈敷といって、葉っぱの大きい木の若芽……クヌギみたいな木で葉っぱが大きいものです、葉っぱで饅頭を包んだりもします（カシワのこと）……を田んぼの中に、緑肥として入れていました。この木は田んぼのまわりに植えてありました。田んぼは今のような乾田ではありません。湿田です。その中に葉っぱを踏み込む……という話を聞いています」（種子島・太田）
D2・「昔は草を刈って、緑肥にしたりしましたよ。センダンの葉を落として、踏み込んだりもしました。ダチク（ダンチク）も踏み込んだり、そんなにしていました。ルーピンもレンゲも、まだつくっています。今はレンゲが多いですな。でも、レンゲばかりまくと、あんまり窒素が多くなってしまうので、レンゲを草刈りして、束ねて、刈ったものはミカン園にあげて、根粒菌だけを田んぼに入れるようにしています」（屋久島・永田）
D3・「ソテツのほかに、アサゴル（フカノキ）の葉っぱも肥料にして」（奄美大島・大笠利）

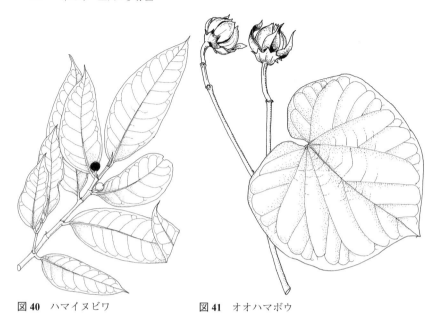

図40 ハマイヌビワ　　　　図41 オオハマボウ

D4・「緑肥にしたのは、アンキャネクとかアリキャネク（ハマイヌビワ）と呼んでいた木の葉や小枝です（図40）。緑肥にしたのは、水に入れて腐る植物です。ソテツ葉も入れていましたね。（中略）緑肥には葉を生のまま入れて踏んづけるのですが、腐るのが遅いと足が痛くなります。女の人にはこれをやるのは、たいへんであるので、ソテツ葉は敬遠されていました。苗代の緑肥はたいていアンキャネクです」（奄美大島・摺勝）

D5・「イネにはソテツの葉が一番よかったよ。あとは海岸にあるユナギ（オオハマボウ）。黄色い花をつける木ですが、あれの葉っぱも入れよった（図41）。入れるのは田植えの前。たいへんだった。押し切りできざんで入れるが、ソテツの葉っぱに棘があるよね。だから足がものすごく痛い。昔の人は体強いね。ソテツの葉は10cmくらいにきざんで入れたですよ。なるべく小さく切ったほうがよかった。めんどくさい人は長いまま踏み込んだ」（奄美大島・清水）

D6・「ソテツの葉を鎌で切ってきて、押し切りできざんで入れました。それを素足で踏み込みます。もう足なんか傷だらけですよ。痛かったです

よ。中学生からです。場合によっては小学生からやりました。（入れるのは）田植えの1月、2月前ぐらいです。田植えは旧の3月、今の入学式のころです。（入れる量は）一畝に200 kg ぐらいですか。ひとかたげ50 kg ぐらいとして、それ四つ分入れます」（奄美大島・蘇刈）

D7・「（ソテツの葉を踏み込むのは）痛い、痛い。ソテツの葉を田んぼに入れるのはいつごろだったか？　ターヒグリっていう言葉がある。田植えのころの寒さのこと。それが2月の終わりぐらい。そのころだったかな。うちらが中学1年のころまでそんなだったかな。昭和47、48年のころまでじゃないかな」（奄美大島・嘉鉄）

D8・「緑肥はほとんどがソテツの葉です。学校に通っている時代、田んぼの草取りといったら、田んぼの中にソテツの葉がいっぱい入っているというイメージです。そうした田んぼで草取りをすると、手も足も傷だらけです。それが忘れられません」（奄美大島・勝浦）

D9・「田んぼの中のソテツの葉が痛くて。小学校の遠足で、宇検村の部連に行ったとき、そこの田んぼにたくさんソテツの葉を入れているのを見ました。篠川は、部連ほどはソテツをつくっていなかったので、田んぼに入れるのも部連ほどではありませんでした。昔は二期作ですが、2回ともソテツの葉を入れたわけではないと思います」（奄美大島・篠川）

D10・「（ソテツの葉が）田植えのときに痛くて。肥料はなかったし。でも刺さるから、田植えをするのがいやで」（奄美大島・管鈍）

D11・「ソテツだけでなくて、ソラマメの葉を切って入れたりもしました。肥料用のルーピンという植物もありましたが、これはあまり使用しませんでした。山に近いところに田んぼのある人は、山の柔らかな葉っぱを切り込んで入れたりもしました。アサグル（フカノキ）とかです」（徳之島・花徳）

D12・「ソテツの葉っぱを入れました。あと、ツワブキの葉っぱとかも。ソテツの葉っぱは肥料分が多いんです。あんまり入れると効きすぎて、葉っぱばかり伸びてしまいます。ソテツの葉っぱは草切りで切って、田んぼにまいていました」（徳之島・松原）

D13・「田んぼには、ツワブキの葉を入れました。そこらの草も大量に入れました。当部は、ソテツがないところだったんです」（徳之島・当部）

D14・「（ソテツの葉を）使いました。若い人は、葉を切って入れよったが、うちは年よりばっかりだったので、葉をそのまま持っていって、田んぼに踏み込んだから、夜になると足の裏が針でつついたようになってね」（徳之島・金見（かねみ））

D15・「（ソテツの葉は）使っていません。ここは牛を飼っていたから、肥料は堆肥。畑の肥料も」（徳之島・阿三）

D16・「ソテツの葉っぱは入れない。ソテツの幹を削っていたけど」（徳之島・馬根）

D17・「カヤを鎌で切り込んで入れました。あとは石灰窒素を入れたりね」（徳之島・馬根）

D18・「（ソテツの葉を）田んぼに入れたというけれど、あれは手間がかかるし、足に刺さって痛いし。肥料として畑に入れたりしたが」（徳之島・井之川）

D19・「一番はソテツの葉です。ソウシジュもそのために島に導入したといいます」（沖永良部島・知名）

D20・「（ソテツの葉を）入れた人もいるけど、自分らは使わなかった。足に刺さるから。ただし、キビには上等。葉を何本か持っていって、土をかぶせたら」（沖永良部島・久志検）

D21・「ソテツの葉は、畑や田んぼの肥料です」（沖永良部島・国頭）

D22・「（ソテツの葉を）田んぼに足で鋤き込むのが痛くて。中学生のころ、田んぼにはだしで入ったから。葉っぱの先もとがっているが、押切で切った切り口も痛かった」（与論島）

D23・「（ソテツの葉を）田んぼの肥料に使いました。まだ硬くなる前の柔らかい新芽を使いました。あと、一番使ったのは、ユーナ（オオハマボウ）の葉。これが一番、いいですから。ユーナはどこまでも行って、刈りよったですよ」（伊平屋島・田名（だな））

D24・「ソテツの新芽を入れていました。ソテツの新芽のほかは、ユーナの葉っぱを入れました」（伊平屋島・島尻）

D25・「（田んぼの緑肥は）終戦直後はリュウキュウチクを使っていましたよ。次はソウシジュとかです。ソウシジュ自体は戦前からありました。あとオオバギとかも使いました。緑肥に使う木はたくさんありました。シイ

の木は、葉を採りにくいので使いませんでしたが、大きな葉をつける木は使いやすいですね。イヌビワとかも使いましたよ。(中略)緑肥は量がいるから使ったのですが。リュウキュウチクを使ったのは、終戦直後の話です。1、2回利用して、あとは使いませんでした。非常に危険なものでしたよ。(中略)ソテツも入れましたよ。ソテツは畑にも入れました。ソテツは竹よりはるかにいいです。腐りやすいですし。竹はたいへんでした」(沖縄島・奥)

D26・「緑肥としてはソウシジュを入れた。ソウシジュは、田んぼの周辺や、自分の山に植えていましたよ。これを鎌で切って、田んぼに鋤き込んだ。もう、葉っぱがなくなるまで切って、自転車なんかに積み込んで運んだもので」(沖縄島・知花)

D27・「(緑肥にしたのは)ソテツの葉とかよ。ユーナの葉とかよ。田んぼに入れて、踏み込んで。ソテツの葉はとげとげしているから、田んぼに踏み込むと、足にみんな、トゲが入るさね。夕方になったら、足が痛くなってね。昔は普段から裸足だったけれど。ソテツ葉を踏み込んだ後は、足の裏が、ぷつぷつ、赤くなってね。このあたりはソテツの葉を入れたんですよ。ソテツが多かったからね。ソテツは、育てていたから。土地改良でソテツはなくなりました。昔は、スティクブリーといって、ソテツばかり植わっているところがあったよ。自分の山に、ソテツばかりつくって。それぞれのうちにスティクブリーはありました。人のうちのところから、葉っぱを採ったら怒られるからよ」(久米島・仲地)

D28・「緑肥はおもにウカバという木の生の葉を苗代に使います。(中略)本田にももちろん使いますが、ただ、これは労働力の多い家ならできます。(ウカバを)採りに行く山は決まっていません。ウカバは川や田の脇などに自然にあるものを使っていました。ウカバは化学肥料よりいいですよ。効果がすぐに見えますね。自然のものですから効果が長持ちするし、化学肥料だと苗が肥満体のようになって、植えた後、寒さがくると枯れてしまったりするんです。後にはギンネムも多少使いましたが、苗のでき方が少し肥料の効きすぎのような気がしますね」(石垣島・登野城)

D29・「(ウカバを緑肥として)使いました。あとカブラーギ(イヌビワ)とか、葉っぱの大きいものが腐りやすいといって、使いました。これは面

積の小さい田んぼならできるが、そんなにできません」（石垣島・川平）

D30・「波照間島ではウカバのことをブガマといいますが、ブガマを田んぼの肥料に鋤き込んでいましたよ。（ブガマは）畑の周囲に植えていたりしました。これを緑肥用兼、防風林にしていたのです。（中略）ブガマには、ブガマムシ（ツヤマルカメムシ）という虫がよくついていました。若い枝葉に何十匹とついていて、さわると臭いニオイを出す虫です。おもしろいことに、この木以外についていることがないのです。（中略）波照間では、ブガマ以外を利用した数は少ないですが、葉が腐りやすいので、トゥーズと呼ぶ、タイワンソクズが田んぼのそばにいっぱいあるときは、これを使いました。ソテツを使ったという話を聞きませんね」（波照間島）

D31・「昔は肥料とかないからね。夏場になったら、木の枝を切ってね。じいちゃんなんかが、暇だから、刈って入れなさいといいましたよ。田んぼの中で腐らせて、と[注1]」（与那国島・祖内）

（盛口・安渓貴子 2009、盛口 2013b ほか）

　金肥（お金で購入する肥料）が普及する以前、日本各地で見られたのが、生の植物を田んぼの肥料として鋤き込む方法であった。日本本土の中世において、刈敷と呼ばれる、この野草の肥料としての利用は、肥料の主要部を占めていた（高橋 1991）。江戸期になり、金肥がある程度、普及するようになった後も、自給肥料として刈敷、灰、厩肥は重要であった。

　先の聞き取り（D1-D31）を見てわかるように、琉球列島の島々では、聞き取りを行ってみると戦後期になるまで、水田の肥料が重要な位置を占めていた集落が多かったことがわかる。なお、聞き取ることのできた琉球列島の緑肥利用は、四つのタイプに整理できると考えられる（盛口 2011b）。

　ひとつめは、「刈敷利用タイプ」と名づけられるものである。これは、里山周辺のさまざまな植物を肥料として利用しているタイプである。ただし、特徴的なのは、草ではなく、おもに、柔らかく、腐りやすい木の葉を利用していることである（D1、D25。ただし、D1はタイプ2に変化したと語られている）。文献によると、西表における緑肥利用も、このタイプであったよ

注1　『与那国島の植物』(1995) には、クロヨナの項に、「ウガバ、ウバガ　葉は緑肥にした」とある。

うだ（安渓 2007）。

　二つめは、「導入緑肥利用タイプ」。これは緑肥用として導入栽培された植物を利用するものである。本土で広く田んぼの緑肥として利用された歴史のあるレンゲの利用は北琉球の種子島、屋久島においてのみ聞き取ることができた（D1、D2）。このほかに、沖縄島中部において、マメ科のソウシジュの葉の利用が聞き取れた（D26）。ソウシジュは本来、琉球列島には分布せず、明治期になって導入された植物である。

　この二つの緑肥利用では、刈敷利用タイプがより原型の緑肥利用タイプといえる。タイプ2のレンゲの利用が聞き取れた種子島においても、それ以前は樹木の葉を緑肥として使用したという話を聞くことができた（D1）。しかし、種子島のように、「刈敷利用タイプ」→「導入緑肥利用タイプ」という時代的な変遷を見せた例は、琉球列島においては数が少ない。琉球列島のうち、中琉球と南琉球の島々では、上記の2タイプと別に、伝統的な緑肥利用として次の2タイプがあり、これが戦後まで見られた。

　「クロヨナ利用タイプ」。これは、海岸や石灰岩地に多く見られるマメ科の在来樹木であるクロヨナの葉を緑肥として利用するタイプ。沖縄島南部の仲村渠では、里山の構成要素として、耕作地に加え、ウカファ山と原野があり、このウカファ山が緑肥用のクロヨナの生育していた場所である。

　「ソテツ利用タイプ」。琉球列島の里山には救荒用食物源としてソテツが植栽され、集落によっては日常食といえるほど利用されたことを前節で紹介した。このソテツの葉を緑肥として利用するタイプである。なお、ソテツはマメ科とは別のタイプの根粒を持ち[注2]、その葉には、青刈りのダイズ以上の窒素分が含まれることが知られている（平尾 1956）。

　これら四つの緑肥利用のタイプのうち、「クロヨナ利用タイプ」と「ソテツ利用タイプ」の分布を図にしてみると、興味深いことに、きれいにその分布が分かれる（図42）。クロヨナもソテツも緑肥として同様な効果があるとしたら、なぜこのようなはっきりとした境界線が生じるのだろうか。また、

注2　マメ科の植物は窒素固定能力のある根粒菌との共生を行っていることはよく知られ、レンゲやルーピンのように緑肥植物としての利用も多い。しかし、マメ科以外でも、根粒を形成する植物は知られていて、ハンノキ型根粒植物、ソテツ型根粒植物、マキ型根粒植物、マメ型（非マメ科植物における）根粒植物に分類されている。このうちソテツ型根粒植物は窒素固定能力を持つラン藻との共生を行うものである（中村 1980）。

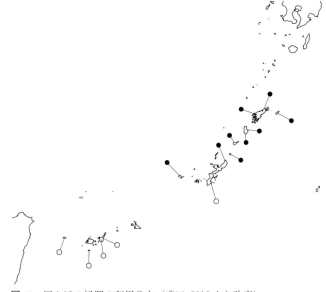

図 42　田んぼの緑肥の利用分布（盛口 2018 より改変）
●：ソテツ、○：クロヨナ。

どちらかがより効果があるのだとしたら、なぜ一方だけが広く見られるようにならなかったのだろうか。

　クロヨナは、沖縄島南部の聞き取りではウカファという名称で呼ばれていた。そしてクロヨナの地方名を聞き集めると、沖縄島から八重山にかけて、バリエーションがありつつも、沖縄島から与那国島まで、ウカファ、ウカバ、ブガマなど、同一の語源から発した言葉であることがわかる。これは、たとえばヤギのエサとして利用されることの多いクワ科のハマイヌビワがアリキャネク（奄美大島・摺勝）、シチャパガ（与論島）、アッタニク（沖縄島・奥）、アンマーチーチー（沖縄島・知花）、アンティナクー（沖縄島・仲村渠）、アリンガフ（石垣島・登野城）、アリドゥー（波照間島）、ガジマル（与那国島）というように、島ごとに多様な呼称で呼ばれているのとは対照的である。ただし、クロヨナも奄美大島での呼称はクロヨナ（これが和名のもととなった）であり、ウカファ系の呼称とはかけ離れている。こうして見ていくと、琉球列島のうち、沖縄島以南のクロヨナの名称が離れた島におい

ても似通っているのは、琉球王国の施政下にあった島々への情報伝播による影響があるのではないかと推定される。琉球王国時代に、農書が発刊され、農業技術の改良普及が試みられたことはすでに述べた。じつは、クロヨナの緑肥利用は、この農書の普及によって、広まったのではないかと考えられるのである。

　琉球王国の施政下にあった島々には、農書によってクロヨナの緑肥利用が広まったのであろう。ただし、クロヨナはもともと海岸や石灰岩地に多く見られる樹木であるため、より高島的な環境では、利用がなされなかった場合もある。たとえば、西表島においては、田んぼの周囲の山野に生育しているオオハマボウ、モンパノキ、クサトベラ、アカギ、オオバイヌビワ、イヌビワなどの腐りやすい葉の樹種が選ばれ、緑肥として利用された（安渓2007）。

　すなわちクロヨナの緑肥利用は、首里王府に近い沖縄島南部をモデルにして考え出された農法ということもできるだろう。沖縄島南部では肥料源としてのウカファ山と、燃料源、家畜の資料源としての原野が耕作地とひとつのセットとなって里山を形成していた。隆起サンゴ礁の台地が広がる沖縄島南部は、古くから耕作地として開墾された一方、山や森には恵まれていない。そのため、里の中に、ウカファ山と原野という区分をはっきり持つ必要があったのだろう。これに対して、沖縄島北部は山や森に恵まれている。そのため、里の中に資源の供給源を厳密に囲い込む必要がなかった。沖縄島北部・奥においては、ウカファ山にかわるものは山野の雑木と畑の境界に植えられたソテツであり、燃料源は里近くの森に、飼料源は耕作地周辺の草地に求めることができた。いずれにせよ、琉球王国の施政下にあった島々では、クロヨナの緑肥利用が進んだため、ソテツはおもに救荒食糧源として位置づけられた。

　これに対し、薩摩の施政下にあった奄美諸島では黒糖増産が強制され、主食にもこと欠く状況が長く続いた。そのため救荒食としてソテツが日常的に利用されるほど重視され、ソテツは畑の境界だけでなく、ソテツ畑、ソテツ山といった特別な名称を持つ場所にまとまって植栽もされた。この豊富なソテツ資源を緑肥としても利用したということであろう。このような総合的なソテツの利用が、「ソテツは宝」という発言につながるものだと考える。奄

美大島の話者の中には、奄美大島におけるソテツ利用を「ソテツ文化」と呼ぶ例もあった（盛口 2013b）。

つまり、緑肥の利用分布から見えてくるのは、琉球列島の里山が、高島、低島という島の成因による自然環境の違いだけでなく、その歴史性によってもかたちづくられてきたということである(注3)。

4.7　琉球列島における魚毒漁

緑肥利用からは、琉球列島の里山は大きく二分される。が、そのような区分がある一方、琉球列島の里山は、島ごと、集落ごとといってもよいほどの多様性も存在する。その多様性の成因を見てとる指標のひとつとして、魚毒漁を取り上げることにしたい。

植物体に含まれる有毒成分を水中に流して魚を麻痺させて捕獲する漁法が魚毒漁である。このとき、魚毒として働く成分としては、アルカロイド、配糖体、サポニンなどさまざまなものがある（秋道 2008）。魚毒漁が行われるのは、河川や湖沼などの淡水域に加え、サンゴ礁などの沿岸域である。ただし、遠浅の浅瀬などは魚毒漁には適しておらず、干潮時になんらかのかたちで潮だまりのような窪地が取り残される海岸が、海において魚毒漁がなしうる場所である。魚毒漁の歴史は古く、西洋においてはアリストテレスの『動物誌』にも魚毒にかかわる記述があるという（Heizer 1953）。魚毒としての植物利用は世界的に見られ、また使用する植物は地域によって異なっている。世界の魚毒植物についての総論的な研究によると、フィリピンからは21種の魚毒植物が知られている一方で、中国からは6種（アオガンピ属、ポインセチア、センダン、チョウセンアサガオ属、カンラン属、ツバキ属）、日本からは3種（ウラジロフジウツギ、オニドコロ、サンショウ）が報告さ

注3　ちなみに当然であるが、典型的な低島で、そもそも田んぼがつくられなかった島においては、田んぼでの緑肥利用は見られない。しかし、畑の緑肥として、なにが使われたかについて見ていくと、ソテツの葉を畑の緑肥として利用する例が奄美諸島でしばしば見られる。また、ソテツの葉の畑での緑肥利用は、ほかに沖縄諸島の久高島でも聞き取ることができた。一方、宮古諸島の伊良部島では、畑の緑肥としてクロヨナを利用し、このクロヨナは畑の垣根に植栽されていたという。また、伊良部島でのクロヨナの呼称はウカバであり、やはりウカファ系統の呼称が使用されている。なお、クロヨナは緑肥として利用できることもあり、伊良部島では畑の垣根として利用することもあったという（盛口 2016d）。

れているにすぎない (Heizer 1953)。しかし、日本の場合、本土に限っても、より多くの魚毒植物が利用されてきたことが、別の報告からわかっている。本土で魚毒として利用例のある植物を列挙すると、サンショウ、オニグルミ、エゴノキ、クロベ、オニドコロ、イヌタデ、センニンソウ、カマツカ、ネムノキ、ヤブツバキ、サザンカ、チャ、カキ、フジウツギ、サンゴジュ、ウルシなどとなる（長沢 2006）。このうちもっとも頻繁に使用されてきたと考えられるのがサンショウである。宮澤賢治の書いた「毒もみの好きな署長さん」という作品においても、魚毒漁の好きな主人公がサンショウの毒で違法に魚を捕るという話が登場する（宮澤 1979）。『ものと人間の文化史101　植物民俗』によれば、サンショウを使った魚毒漁は、「真夏の渓流の渇水期のころを見計らい、サンショウの木を伐ってきて皮をはぎ、細かく切ってソバ殻を焚いた灰（他の灰ではダメ）を混ぜてどろどろになるまで一晩煮つめ、これを木杯でこねて握り飯くらいな大きさのだんごにする。これを流れの中でもみほぐしながら水に溶かして流す」というものである（長澤 2001）。ただし、サンショウ属の植物を魚毒に使用するのは世界的に見ると非常に限られていて、日本とネパールのみから報告されている（南 1993）。

　聞き取り調査と文献調査により、琉球列島の魚毒植物のリストを作成してみると、36種にも上ることがわかった。また、このリストにあげられた植物を見ると、先にあげた日本本土から報告されていた魚毒植物とは、異なった種類が多く含まれている（表7）。

　魚毒植物を、島（集落）ごとで見てみると、北琉球の種子島・屋久島において聞き取ることのできた魚毒利用植物は、ほぼ日本本土から報告されている魚毒植物のリストと重なる植物で占められていた（表8）。たとえば、ウラジロフジウツギがそうした植物のひとつである（図43）。また、やはり本土と共通する魚毒植物であるエゴノキ（図44）やイヌタデは、中琉球の徳之島まで見ることができた（図45）。一方、奄美大島以南では、琉球列島特有の魚毒植物（イジュ、モッコク、ルリハコベ、リュウキュウガキなど）が使用される例が多かった。本土でよく魚毒として利用されていたサンショウ属の植物は、奄美大島・徳之島周辺の島々と、飛んで石垣島において利用されていたことがわかった。また、なかにはモクタチバナ（図46）のように、今までのところ、徳之島・金見集落でのみの使用例しか聞き取れていないよ

第 4 章　里山の多様性

表 7　琉球列島の魚毒植物リスト

科名	種名	文献
タデ科	イヌタデ	
トウダイグサ科	トウダイグサ	「沖永良部島の植物方言資料」
	ナンキンハゼ	『久米島の歴史と民俗』
	イワタイゲキ	
	キリンカク・フクロギ	「沖永良部島の植物方言資料」
マメ科	デリス	
	シイノキカズラ	『海物語——海名人の話』
	ウジルカンダ	『海物語——海名人の話』
	シナガワハギ	
	クロヨナ	『西原町の自然』
	アメリカデイゴ	
ムクロジ科	クスノハカエデ	『南風原町史　第 2 巻　自然地理資料編』
ウルシ科	ハゼノキ	
センダン科	センダン	『石垣市史　各論編　民俗　上』
ミカン科	アマミサンショウ	
	ヒレザンショウ	
	ゲッキツ（文献）	『和泊町誌　民俗編』
ツバキ科	ヤブツバキ	
	ヒメサザンカ	
	モッコク	
	イジュ	
カキノキ科	リュウキュウガキ	
サクラソウ科	ルリハコベ	
	ハマボッス	
	モクタチバナ	
エゴノキ科	エゴノキ	
アカネ科	ヤエムグラ	
ナス科	タバコ	
ゴマノハグサ科	ウラジロフジウツギ	
キツネノマゴ科	キツネノマゴ	
	キツネノヒマゴ	
ノウゼンカズラ科	オオムラサキシキブ	『西原町の自然』
シソ科	ミツバハマゴウ	『西原町の自然』
トベラ科	トベラ	
レンブクソウ科	サンゴジュ	
	ゴモジュ	

注：文献欄が空白になっているものは聞き取ったもの。
ハゼノキは沖縄島・照間出身の話者によるものだが、ハゼノキを使用したかどうかについて、不確実性も残っている。
キリンカクとフクロギは、本文注 3（p. 136）にあるように、そのどちらを利用したか、まだ確定できていない。

表 8 琉球列島の魚毒植物利用の分布例

地名	ヒレザンショウ	ハマボッス	ヤエムグラ	トベラ	リュウキュウガキ	サンゴジュ	モッコク	イワタイゲキ	キリンカク*	シナガワハギ	ゴモジュ	ヤブツバキ	キツネノヒマゴ	ルリハコベ	デリス	イジュ	アマミサンショウ	イヌタデ	エゴノキ	ウラジロフジウツギ
種																			●	●
屋																			●	●
瀬																		○		
喜																○	●	●		
犬															●	○	○			
花														●	●	●	●	●		
沖												●	●	●	●	●	●			
与										●	●									
伊										●		○		○		○				
奥										●					●	●	●			
底										●				●	●	●				
浦										●				●						
玉										●					●					
仲									●					●	●	●				
真									●				●			●				
池								●			●				●	●				
良						●	○								●	●				
多							●					●			●	●				
登						●				●	○					●				
白						●					●			●						
波					●										●					
与						●										○				

地名の略は以下のとおり。
種（種子島・太田）・屋（屋久島・永田）・瀬（奄美大島・瀬戸内）・喜（喜界島）・犬（徳之島・犬田布）・花（徳之島・花徳）・沖（沖永良部島）・与（与論島）・伊（伊平屋島）・奥（沖縄島・奥）・底（沖縄島・底仁屋）・浦（沖縄島・浦添）・玉（沖縄島・玉城）・仲（久米島・仲地）・真（久米島・真謝）・池（池間島）・良（伊良部島・佐和田）・多（多良間島）・登（石垣島・登野城）・白（石垣島・白保）・波（波照間島）・与（与那国島）

●：聞き取り、○：文献より。

*キリンカクは本文注 3（p.136）にあるように、キリンカク、フクロギのどちらか決定ができなかった。

128　第4章　里山の多様性

図43　ウラジロフジウツギ

図44　エゴノキ

うな植物もある^(注1)。

　具体的な魚毒漁について、沖縄島北部の奥集落を例にとりながらほかの島（集落）と比較して見ていくこととしたい。奥の調査では、琉球列島から知られる36種の魚毒植物のうち、イジュ、ルリハコベ、サンゴジュ、タバコ、デリスの5種の利用を聞き取ることができた。このうち、もっとも重要な役割を果たしていたのがイジュ（図47）である。
　ツバキ科のイジュは琉球列島から東南アジアにかけて広く分布している木本であり、沖縄島では梅雨時期に白い花を咲かす。このイジュの樹皮を粉末にしたものが、魚毒として使用される。イジュの魚毒としての利用について聞き取る際、「イジュの葉をヤギや牛も食べるし、食べても死なない」という話を聞いた。そのため、「イジュに毒があるのではなくて、粉が魚の鰓に詰まって魚が麻痺する」というように、民俗知識では理解されている場合があるようだ。しかし、イジュに含まれる成分を調べた研究によれば、イジュには溶血作用のあるサポニンが含まれることがわかっている。実際に魚毒として使用される場合は、イジュに含まれるサポニン以外の成分も複合的に働いている可能性があるという（森 1960）。イジュはインドからも魚毒としての利用の報告がある植物である（Heizer 1953）。なお、奥で魚毒植物として

図 45　魚毒利用の分布①エゴノキ

使われてきたルリハコベの成分もサポニンであることがわかっている（森1962）。春期、畑や道端の雑草として見られるルリハコベの場合、魚毒として使用する際には、全草をつぶして、水中に投下する。

注1　徳之島・金見では、モクタチバナをアクティと呼び、魚毒として以下のように利用した。

——アクティの根っこを掘って、これをつぶして、それを魚を捕るのに使いました。アクティは実も食べられます。
——アクティの根っこはつぶして粉にして、灰も一緒に入れます。
——集落の下のクムイ（潮だまり）を共同でクゴイレ（魚毒入れ）といって、やって、魚を捕りました。青酸カリも使いましたよ。
盛口：それはいつごろの時期に行われるものですか？
——だいたい夏です。
——みんなでやるときもあるし、個人でやるときもあるし。クムイの大きさにもよります。クゴイレをするクムイの競争が激しいので、自分がやるというときは、棒をさしておくわけ。ヌーシタテといいます。そうした棒が立ててあるところで、ほかの人がクゴを入れて見つかったら、これは村八分にされます。

金見では、モクタチバナのほか、クゴグサ（ルリハコベ）やカタシ（ヤブツバキ）の実も魚毒とする一方、イジュはあまりなかったので、利用していなかったということだった。

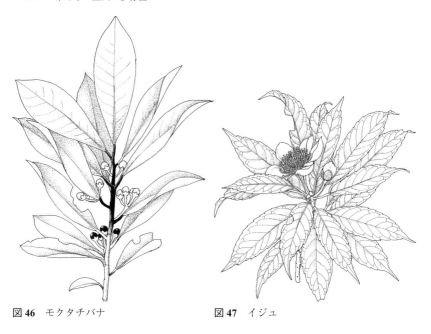

図46　モクタチバナ　　　　図47　イジュ

　また、デリス（図48）は東南アジア原産のマメ科のつる植物で、根を粉末にしたものは屋内害虫の殺虫剤や、農薬などとして重要視されたものである。デリスはロテノンと呼ばれる有効成分を含み、これが殺虫剤としてだけでなく、魚毒としても利用された。デリス属の植物で殺虫剤や魚毒として使用されるものには複数種があり、戦前、南方占領地などにおいて栽培が奨励された種にはトバとタチトバがある（宮島 1944）。しかし、本書では、東南アジア原産のデリス属の植物をデリスという表記で扱うことにする。奥においては、デリスは一時栽培がなされていたようで、現在も、そのなごりのデリスが野生化している状態で見られる（図18）が、聞き取りによれば、奥では戦後、名産であるお茶栽培用の農薬として粉末が導入されており、魚毒としては生のデリス根を粉砕して使うのではなく、市販されている粉末が使用されたという[注2]。

　魚毒漁は、次のような観点で見ていく必要がある。

なぜ行うか（儀礼、祝祭、漁労、遊び）

4.7 琉球列島における魚毒漁

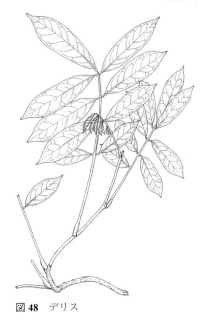

図 48 デリス

いつ行うか（渇水期、年中行事的、不定期）
どこで行うか（川、イノー）
だれが行うか（集落全体、グループ、個人、大人、子ども）

ウクムニー（奥で使用されてきた言語）では、魚毒または魚毒漁はササと呼ばれる。奥の魚毒漁で特徴的なことは、ブレーザサと呼ばれる奥集落全体をあげて行う集団の魚毒漁があることである。ブレーザサのブレーも、「群

注2　デリスは、戦後の一時期になっても、統計書に掲載されるほど栽培がなされていた。1954年に書かれた文献には、「最近は各種の合成農薬及家庭薬が新に製造され盛んに使用されるようになってデリス、除虫菊等天然品の需要は可成り圧縮されるに至った。併し現状においては合成品にはなお可成り欠点のあるものもあり、また危険も伴うものもあるのでデリス、除虫菊等の天然品は以前から使い馴れた薬剤でもあるので今なお相当の需要があり、特に家庭用及家畜用としての需要は可成りの数量に及んでいる」とし、「なお日本における需給の現状から見て琉球におけるデリスの増産は可能であろう」としている（三井 1983）。
　なお、2017年の沖永良部島の調査では、民家の庭先にデリスが植栽されているのをしばしば見た。これは、庭先にデリスが植えられていると、シロアリが家につきにくいといわれているからであると聞いた。

れ」を表しているものと考えられる。ブレーザサは、集落を流れる奥川で行われる場合と、隣の集落である楚洲のイノー（サンゴ礁のリーフの内側にある浅い海域）で行われる場合とがあった（盛口 2016c）。

――イジュの樹皮はササに使います。川ではウナギ、海では魚を捕ります。皮を剝ぐとき、枯れてしまわないように、人によっては木の一部だけから剝ぎます。イジュの皮を採ってきて、臼でついて粉にします。明日、ササがあるというと、その日の夜に採ってきた皮をつついて粉にしました。奥ではブレーザサがありました。このときは村全員で川にササを入れます。川を上流と下流とで二つに分けて、捕った魚は人数で分けました。海のイノーでも楚洲のイノーを借りて、村全員でササをしました。奥と楚洲は協定を結んでいました。楚洲は人口が少なくて、奥は多い。だから楚洲の海を借りて奥のブレーザサをしました（T.S. さん　昭和 12［1937］年生まれ）。

――川は上と下に分かれて、ウナギ目的でやりおった。戦前はわからんが、戦後は 2 回やりました。ブレーザサは申し込みです。ただ、行かない人は少なかった。ひとつの楽しみですから。ブレーザサは申し込んだ家庭から 2 名ずつ参加します。海でやるときは、楚洲からイノーを借りて。ブレーザサする人は申し込んで人数集めて、ザルに臼でついたイジュの皮を持ってくるように……とやりよった。イジュは山に自然に生えているものを使います。海のブレーザサ、終戦後、2 回か 3 回やりよった。ただ、イジュを使ったのは戦前。戦後はデリスといってね、お茶の散布用として組合が入れたものを使いました。デリスの粉は売店で売っていました（A.M. さん　昭和 3［1928］年生まれ）。

――ブレーザサの魚は分けます。50 世帯なら 50 世帯で。イジュを使ったのは戦前です。皮を臼でついて粉にして、ザルに入れて、世帯ごとに 10 斤、20 斤と各家庭にふりわけて。これをつくるのに 1 日かかります。午前中、山に行って、採ってきて、午後に臼でつきます。皮は採ってきてすぐにつきます。4、5 日も干しておいたら、かえって硬くなってやりにくい。イジュはとくにどこに生えているものを採るというようなことはありません（E.S. さん　大正 14［1925］年生まれ）。

(以上、盛口 2015a ほか)

奥のブレーザサは集落を二つに分け、それぞれのグループで川の上流、下流において魚毒漁をしたということである。下流においてはボラなども捕れるが、聞き取りにあったように、おもな獲物は"ウナギ"であるとされている。この"ウナギ"は一般的なウナギではなく、オオウナギのことである。ウクムニーにおいてウナギはターウナジ（田鰻――田んぼでよく見られることから。また、ドルウナジ――泥鰻――と呼ぶ場合もある）、オオウナギはハーウナジ（川鰻）と呼び分けられている。オオウナギは全長 180 cm にも達する大型の降河回遊魚である。戦前、奥で捕獲されたオオウナギの中には、34 斤（21.4 kg）もの大きなものがあったという（島田 2009）。川における漁がオオウナギを主体としたのは、1 匹、1 匹が大型であるうえに、生息数も多かったからだ。また、オオウナギは日中、穴や岩陰などに隠れていることが多い。魚毒はそのように隠れているオオウナギに対して有効な漁獲方法であったといえる。

戦後、川のブレーザサが行われたのは 1951 年および 1955 年のことであり、いずれも 8 月に行われている（島田 2009）。この年がなぜ選ばれたのかについては、まだわからない。また、毎年行われていなかったという点については、魚毒漁が使用した水域の生物に、壊滅的なダメージを与えてしまうからではないかと考えられる。魚毒漁がさかんであったマレーシアにおいては、魚毒漁（デリスを使用）は 4-5 年ごとに行うような規制があった（秋道 2008）。

海のブレーザサが行われたのは、年中行事であるアブシバレーの前日であるという。アブシバレーは田植えの後に畦の草刈りや虫払いをして、豊作を祈願するもので、旧暦の 4 月中旬ごろに行われる（『沖縄大百科事典』）。奥のアブシバレーは「午前中、品評会。午後から車座に座って、女は踊り、男は相撲をとります。それから飲み会です（E.S. さん）」というものであったということだが、そのときの宴会用の魚をブレーザサで用意したようだ。ただし、海のブレーザサも毎年行われたわけではなく、戦後は 2、3 回しか行われなかった。海の場合は河川における魚毒漁よりも資源の回復は早いと思われるが、数年のインターバルが置かれて行われていたことになる。

図49 魚毒漁に使うおどしづくり（沖縄島・奥）
マニ（クロツグ）の葉を切り取る。

　海でのブレーザサにおいては、特有の道具も使用された。縄の途中途中にマニ（クロツグ）の細長い葉片を差し込んだものである（図49）。潮の引く前に漁を行う予定のイノーの周囲に、このマニの葉を差した縄をぐるりと回しておく。マニの葉は波にゆられて翻るが、マニの葉は裏面が白くめだつ。これがおどしの役目を果たし、潮が引く前にイノーから魚が逃げるのを防ぐのである（盛口 2016c）。
　以上がブレーザサと呼ばれる集落全体規模の魚毒漁の概略である。
　魚毒漁については、琉球列島のほとんどの島（集落）から話を聞き取ることができた。しかし、奥のように集落全体での魚毒漁を行っていた島（集落）はあまりない。奥のように集落全体での魚毒漁を行っていた例としては、石垣島・白保と、徳之島・花徳から聞き取っている。
　石垣島・白保において使用された魚毒は、ツバキ科のモッコク（図50）であり、イジュ同様、皮を粉にして使用された。魚毒漁が行われたのは集落近くを流れる轟川である。白保における魚毒漁の文献として、明治期から昭

4.7 琉球列島における魚毒漁

図 50　モッコク

和初期にかけて石垣島の測候所の所長を務めながら、島の自然、歴史、文化について記録、発信をした岩崎卓爾が、書き記しているものがある。それによると、魚毒漁のことは「スサ入れ」というとある（岩崎 1974）。また、岩崎は、魚毒として利用する植物に、モッコクのほかにキリンカクがあるとしている[注3]。

　白保の集団魚毒漁は、奥と異なり川だけで行い、また魚毒として使っていた植物も奥とは異なっているが、白保の集団魚毒漁が、奥ともっとも異なっているのは、この漁が、雨乞いにともなって行われたという点にある。

　——イジョウ（モッコク）の木は大里付近の山の頂上付近にしか生えていません。この木を切って、皮を麻袋に入れて、各自担げるだけ担いで。その晩は皮を臼でつついて、粉にして、その粉を翌日轟川に持っていきます。川を濁らせると雨が降るといっていました。宗教的なというか、なにか半分はレクレーションの意味も含んでいたと思います。（中略）村中出て、魚を捕って、それは捕った人のもの。子どもから大人まで川に行って、川の上流から下流まで。子どものころ、いつも干ばつすればいいのに

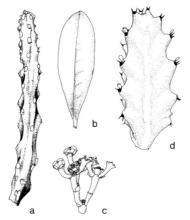

図51 キリンカク (a-c) とフクロギ (d)
aとdは茎、bは葉、cは花序。

と思っていたぐらいです。

注3 キリンカク (*Euphorbia neriifolia*) は柱状のサボテンに形態が類似しているトウダイグサ科の植物である（図51）。キリンカクの名は、江戸時代の1763年、平賀源内の著した『物類品隲』に「近世、琉球ヨリ来ル」と書かれているとあり（磯野 2007）、それ以前から琉球列島には渡来していたらしい。キリンカクを傷つけると白い乳液が出るが、この乳液に含まれる成分が魚毒として効果を現すと考えられる。なお、キリンカクに似た別種のフクロギ (*E. ankiquorum*) も琉球列島には渡来、栽培されており、魚毒として利用したのが、キリンカクであるのか、フクロギであるのか、はっきりしない点がある。たとえば石垣島以外に、以下のように、沖永良部島・久志検および正名ではミークラニギーという名前のトウダイグサ科の移入植物を魚毒としている。

　　——ミークラニギーというのも使いました。サボテンみたいな植物で、切ると白い汁が出る。これはウナギ捕り用。
　　——石垣とかにね。昔はいっぱいあったが、ここのところ、見たことがない。
　　——ササを使うときは、字の人がみんなで行きよった。ミークラニギー持って。

話者の方に、直接、久志検の集落内を案内してもらい、以前、ミークラニギーが生育していた石垣も見せていただいたが、すでにその姿は消失していた。このミークラニギーと呼ばれる植物は、沖永良部島の植物方言を紹介している文献によると、フクロギとされている（池田 1986）。キリンカク、フクロギが魚毒として利用されていた島は限られており、今のところわかっているのは、喜界島での使用があったことが文献で見られるだけである（「喜界島の植物方言資料」）。なお、キリンカク、フクロギは、かつてほかの島でも栽培がなされていたが、ほかの島でも近年はその生育が減少しているようだ。たとえば多良間島の場合、ふるさと民俗資料館に「絶滅危惧植物」としてキリンカクが紹介されているとともに、庭先にキリンカクとフクロギが植栽されている。

(盛口 2015e)

　さて、岩崎は、白保の雨乞い行事において魚毒漁を行うのは、漁の後、魚毒にあたった魚やエビのうち、人が捕り残し、死んだものが川で腐敗するため、「川の穢水海にそそぎ海神の祟りを以て前を降らすもの」と説明をしている（岩崎 1974）。ただ、雨乞いと魚毒漁を結びつけている例は、白保に限らずほかにもある。たとえば沖縄島の名護市にそのような例があることが、『名護市史本編 9』に報告されており、私自身も名護市・底仁屋出身の話者の方から、雨乞いとかかわる魚毒漁の話を聞き取れた。干ばつ時に「雨乞いをするために」イジュの皮を粉にして、オオウナギを捕るというものであるが、これは以下のように、集落全体ではなく、数家族単位で行われたものであったという。

　──僕が中 2 か中 3 のときに、最後の雨乞いがありました。うちの親父と兄貴と僕の 3 人で、近くの山の中のイジュの皮を剝いでバーキ（ザル）に入れて、その皮を持って帰って、木の臼でつついて粉にして、これでやりました。粉をカゴに入れて、このカゴを、川の上流で水に浸けて、中を攪拌します。すると"ウナギ"（オオウナギ）やタナガー（テナガエビ）が捕れます。（中略）（やるのは）集落全体ではありません。2、3 軒が集まってやります。家の場合は親戚 4 軒でやっていました。

(盛口 2015b)

　なお、底仁屋では奥同様、魚毒のことはササと呼ぶ[注4]が、底仁屋では雨乞いにかかわる魚毒漁と、それ以外の単純に魚を捕るために行われる魚毒漁を、前者をササワイン、後者をササキジュンと呼び分ける。ただし、雨乞いにかかわる魚毒漁をなぜササワインと呼称するのかについては、話者にも不明だとのことだった（盛口 2015b）。

注4　奄美大島・勝浦の聞き取りでは、話者に魚毒漁のことをなんと呼ぶかと聞いたところ、とくに呼称はないという返答が返された。一方、文献によると、奄美大島・根瀬部出身の著者は魚毒漁のことをケゴと呼ぶとしている（恵原 2009）。また、奄美大島において川でアマミサンショウを使ってウナギを捕ることをサンショチキと呼ぶと紹介している文献もある（『改訂　名瀬市誌　3 巻　民俗編』1996）。

琉球列島以外においても、魚毒漁と雨乞いとの関連は報告がなされている。奈良県では魚毒漁をアマゴイと称する例があり、アッサムやニューギニアにおいても、雨乞いと魚毒漁とかかわる事例があるという（秋道 2008）。

魚毒漁は、「原始的な社会でなければ経済的に見合わない。それは長く水域の個体群にダメージを与えるからだ」（Heizer 1953）という指摘がある。また、魚毒漁は水量が多いと効果が現れにくい。そのため、海では干潮時に取り残された潮だまりで使用されることが多いし、河川などでは乾季に行われることが多い。この点が、雨乞いとのかかわりを生むのではないかと考えられる。

また、集団で大量の魚毒を使う場合は、その効果は大きくなるという（秋道 2008）。底仁屋においても「イジュを使った魚毒漁は労力がたいへんで、1人ではできない」という話を聞き取った。奥のブレーザサは現在のところ、雨乞いとのかかわりは示唆されていない。ブレーザサは共同体構成員の共同の楽しみ――祝祭的な意味合いが大きいと考えられる。魚毒漁は、集団で行うことによって魚毒漁の効果が大きくなるという利点がある。そこで得られた大量の獲物が祝祭的な意味合いをもたらすのだろう。雨乞い行事として行われる白保の場合も、聞き取りからは、祝祭的な意味合いもあったことが伝わってくる。

徳之島・花徳における集団魚毒漁の場合はどうだろうか。花徳では、魚毒のことをコと呼ぶ。魚毒として使われていた植物は、イジュ、ルリハコベ、ヤブツバキ（種子の油を搾った粕）、エゴノキ（果実）、ゴモジュ（葉・図52）、アマミザンショウ（枝、葉）、イヌタデ（全草）の7種であり、ひとつの集落で使用していた魚毒植物の種類数が聞き取りをした集落の中で、一番多い。集団で行っていた魚毒漁は、毎年8月15日に行われていたという。魚毒漁が行われていたのは、サギジャイノーと呼ばれた潮だまりで、そこにヤブツバキの種子の油粕が投下され、魚を麻痺させた。この花徳の集団魚毒漁の聞き取りにおいては、とくに雨乞いとの関連は語られず、やはり祝祭的な意味合いが強い行事であろうと推察することができた。ただし、奥の海のブレーザサのように捕った魚は集落の行事の宴会に使用したわけではなく、以下の聞き取り内容のように、捕った個人が自分のものとしたという。

4.7 琉球列島における魚毒漁　139

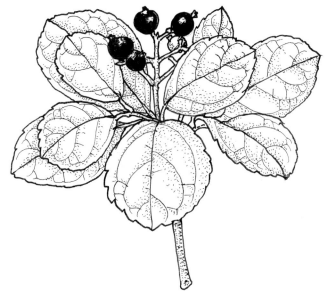

図 52　ゴモジュ

——（獲物は）捕った分、もらえました。大人が油粕を水たまりにふって、魚が浮き上がってきたら、号令かけて、みんなで走り込んでいって、捕ったんです。思い出がありますね。サギジャイノーの水のないところに、それほど大きくないウツボが出ておったんですよ。ザルに追い込んで、腰のカゴに入れて。おとなしいんですね。ウツボは咬むというけど、ほんとうに咬むのかなと思って、指でつついたら、咬みつかれて、指がばちっと切れてしまって。弱っていておとなしいから大丈夫と思っていたんですけど……。そういう思い出があるんですよ。

（盛口 2016b）

　集落全体で行われる魚毒漁には、このように雨乞いと祝祭という意味合いが見出せる。しかし、一方で、琉球列島の各島を見渡してみると、魚毒漁の存在自体は多くの島や集落において見出すことができるが、奥や白保、花徳のように集落全体で魚毒漁を行っていた例は少数にすぎない。たとえば沖縄島南部の玉城での聞き取りでは、丘陵地の斜面に発達した棚田周辺の水路に

リュウキュウガキの実を砕いたものを流してオオウナギを捕ったり、イノーの小規模な潮だまりから魚を捕ったりしたという。ただし、「やる人はあまりいなかった」という話であった（当山・安渓 2009）。このような違いは、なによりもまず、集落の立地条件が大きく影響しているといえそうだ。

　この点に関して、以下に奄美大島手安の聞き取りをあげる。この聞き取りから、集落単位で行われる魚毒漁が成り立ちうる立地条件について考察することができると同時に、個人やグループ単位で行われる魚毒漁がどのようなときに行われるのかについても読み取ることができる。

　——子どものころ、先輩方や年寄りがイジュを使って"ウナギ"（オオウナギ）を捕るのを見ました。イジュの皮を臼でついて、砕いて、袋に詰めて。やり方はシマジマで特徴があったと思うんです。手安では袋に詰めてやりました。米俵みたいなものとか、キビナゴ捕りに使った目の細かい網のきれっぱしとかに詰めて、川の上流に持っていって、それを青年や子どもたちが足で踏んづけます。下のほうで"ウナギ"のいる穴に毒が入り込むと"ウナギ"が酔っぱらったように出てきます。（中略）隣近所のおじさんで、好きな人がいて、本土から親戚が帰ってきたとか、豊年祭の前後の仕事のない日に、その人が音頭をとってやりました。今日、"ウナギ"を捕って、だれだれの送別会をやるよ……と。昔はそこらの小川もコンクリづけではなくて石の護岸でしたから、そうした小さな溝のようなとこでも"ウナギ"がおって、捕れたんです。これは私の子どものころ、昭和10年代から20年代までの話です。サンゴ礁のあるところでは海でもイジュを使うと聞いていますが、ここは遠浅の干潟ですから、海でイジュは使いません。

（盛口 2015a）

　この聞き取りに見られるように、魚毒漁の対象としてのオオウナギは、かなり小さな河川にも生息していたため、多くの集落で魚毒漁が可能であった。しかし、集落全体が参加する魚毒漁が行われるかどうかは適当な大きさの河川（大きすぎると魚毒の効果がなく、小さすぎると集落全体で行うほどの規模がない）の存在という立地的な要因が大きく影響しているといえるだ

4.7 琉球列島における魚毒漁

図53 魚毒漁の行われていた海岸（与論島）

ろう。同様、海の場合も、潮が引くことによって、周囲から切り離される水域（潮だまりやイノーの一部）が集落に隣接してあり（図53）、かつその規模が十分な大きさであることが集団魚毒漁の成立しうる条件となっている。

なお、白保においては、隣接している轟川の水量が多いため、干ばつによる渇水状態でなければ、魚毒漁が行えなかったと推定できる。その一方、奥においては、逆に、川のブレーザサは干ばつ時には行われなかったと話者の1人は語っている。

――奥川は沖積層の扇状地を流れることから干ばつになると瀬切れが頻繁に起こり、縁などの深いところに水が残るようになります。そこにササを入れると生物のほとんどが死に絶えます。また衛生上も好ましくありません。ササを入れるのは、ある程度水量があり、生物が豊富なタイミングです（K.M. さん　昭和23［1948］年生まれ）。

集落における魚毒漁の違いは、低島や高島という区分に加え、集落前の海

が遠浅であるか、潮だまりを持つかといった違いや、隣接してどのような規模の河川があるのかといった自然環境の違いが人々の自然利用、ひいては暮らしぶりに違いをもたらしていたことを語ってくれる[注5]。

4.8 魚毒漁の多様性

奥は、ブレーザサと呼ばれる集落全体を対象とした魚毒漁が特徴的であるわけだが、聞き取り調査の結果、このほかにもさまざまな魚毒漁の形態があることがわかった。

奥においても、個人やグループ単位において、川で魚毒漁をした場合があった。その場合、イジュ以外にテッポウダマギーと呼ばれるサンゴジュを魚毒として利用した。

　　――テッポウダマギーは海では使わんかった。これは個人で川でやるものです。川の真ん中に砂を盛り上げて、そこに葉っぱを置いて、棒でたたく。こんなふうに山川（山の中にある細流のこと）でやるもの（E.S. さん）。

（盛口 2015a）

注5　奄美大島・摺勝の話者から、デリスを使用した場合、毒が効きすぎて、魚がしばらくいなくなってしまうという、次のような話を聞き取った。

　　――デリスが入ってからは、川でこれを使う場合がありましたが、デリスは毒が効きすぎて、一度使うと何年も魚がいなくなってしまったりします。このあたりでは、お酒を飲んですぐにふらふらする人のことをヤジといいます。ヤジというのはアユのことです。これはデリスの毒が効いたアユに似ているからついた呼び名です。

（三輪・盛口 2011）

こうした魚毒による資源への負荷は、使用する毒の効き目や量、頻度、さらには使用される場所の環境状況にもよっただろう。こうしたことから、資源管理の面で、全国的に魚毒が禁止される以前に、独自に魚毒漁を禁止した島（集落）もあった。喜界島の阿伝集落の決まり事の記録（「喜界島阿傳村立帳」）には明治30（1897）年の決まりとして、「ルリハコベの漁は禁止だが、3月3日のみこれを許す」としており、それが明治45（1912）年には「海での魚毒漁は10月から4月までの間に限る」と、規制が以前よりも少しゆるくなった。さらに後の昭和16（1941）年刊の文献によると、そのころ喜界島では海岸の潮だまりでのルリハコベによる魚毒漁と、山の水流におけるサンショウ類を使用したウナギ漁を禁止していたとある（岩倉 1973）。

4.8 魚毒漁の多様性

　個人で行う魚毒漁は、純粋に獲物を得るための漁法としてある。前節で指摘したように、魚毒を使用する漁法自体は、手間もかかり、集団で行わない場合は効率的とはいえないが、オオウナギのように日中、穴の中に隠れている魚をねらう場合には有効であったため個人によっても行われたということだろう。

　特定の獲物に対して魚毒を使用するという例でいうと、奥ではスク漁においても魚毒が使用された。

　スク漁とは、沖縄では一般にスクと呼ばれるアイゴの稚魚を対象とした漁のことである。アイゴはイノーなどの浅瀬で海藻を食べる魚であり、沖縄ではエーグヮーなどと呼び、好んで食用とする。卵から孵化したアイゴの稚魚は沖合でプランクトンを食べながら一定の大きさに成長した後、旧暦の5月下旬から6月下旬にかけての大潮時、群れをなしてイノーに戻ってきて、以後、イノーの海藻を食べて成長する。この群れをなしてリーフ内に戻ろうとする稚魚を網ですくう漁が、かつては各地で行われていた。漁獲されたアイゴの稚魚は塩蔵され（スクガラスと呼ばれる）、自給自足的な要素が大きかった時代においては、重要な副食となった。奥の言語であるウクムニーにおいては、沖合から戻ったばかりの稚魚をヒク、イノーに入り込み、海藻を口にした稚魚をクサクヮミ（こうなると、特有のニオイが出るとともに、塩蔵をしてもうまく保存ができなくなるという）、冬期、手のひらぐらいに成長をしたものをエーインヌクヮーと呼び分けている。ヒクの群れは大潮の満潮時にイノーを目指して向かってくる。この群れがリーフを越えてイノーに入り込むのを見張ることをヒクマーイという。ヒクマーイがヒクの群れがイノーに入ったのを確認すると、集落に通報がなされ、数名でグループを組んで、個々にヒク漁を行う（『奥のあゆみ』）。このときに、ヒクの動きを止めるためにササ（魚毒）が使われるのである。

　――ヒクが寄ってくるというと、朝5時ごろから海に行きます。6月ごろのことです。フムイ（イノーの深み）にヒクが入ってくるので、ササを入れて死なない前に捕ります。海でササを使うときは、ティル（カゴ）にウー（イトバショウ）の葉を敷いて、その中にササを入れました。ササは加減して入れないとヒクが死んでしまいますから。死んでしまうと、フムイ

の底からひとつひとつ、ヒクを拾い集めるのがたいへんです（E.S. さん）。

（盛口 2015a）

　聞き取りからわかるように、スク漁で魚毒が使われるのは、動きを止めるという目的からだった。しかし、これはスク漁を行う海の地形にも関係していることのようで、スク漁に魚毒を使用しない集落のほうが多い。聞き取り調査の中で、スク漁に魚毒を使ったという話を聞き取ったのは、ほかに徳之島・花徳である[注1]。

　前節にあるように、海のブレーザサは、奥の隣集落である楚洲のイノーを借りて行われた。その一方、奥の海岸にあるイノーでは、潮が引いたときのフムイを、魚毒漁の漁場として集落の住民に対し漁の権利を公売していた。潮が引く前に、海のブレーザサで使用したのと同じように、縄にマニの葉を差したものでフムイの周囲を囲い、フムイの中から魚を逃がさないようにする。その後、潮が引いた後、魚毒をフムイに投入し、麻痺した魚を捕獲する。

　——戦後から、奥は財源が少ないので、個人に海を売ったんです。売ったお金を区の予算にしたんですね。売るときは2カ年ごしです。ササに使ったのはデリスです。デリスは製品になったものなので、イジュの皮のようにつかなくてもいいし、効き目も強いものです。フムイの中でも小さなところでは砂に混ぜてまきます。大きなところにまくときは、そのままばらまいて、かきまぜてから休憩します。30分から1時間休んでいてから、魚を捕りにいきます。ササをまく前にフムイのまわりにマニの葉を刺した縄を流して、魚をフムイの中にとどめておきました（A.M. さん）。

（盛口 2015a）

　イノー公売と名づけられた記録を見ると、1965（昭和40）年に公売にか

注1　徳之島・花徳では「沖縄でスクと呼んでいるアイゴの子どもがいますね。スクを捕るときは、毒の弱いものを使わないといけません。海藻がいっぱい生えているところで泳いでいるので、強い毒を使って、死んでしまって底に沈むと、拾うのがたいへんです。だからツバキの搾り粕を使いました」（盛口 2016b）という話を聞き取った。なお、この「弱い毒」に対して「強い毒」として語られたのがデリスであり、デリスを使うと、「魚はみんな死んでしまう」ということだった。

けられたフムイは全部で21カ所で、一番値段が安いのがハタバルの2ドル、一番値段が高いのがワナーの21ドルであり、合計で183ドル90セントの売上げが計上されている（『奥のあゆみ』）。イノー公売という魚毒漁は、漁獲物の占有がなされるからこそ、お金で売買されるものとしてあった。

　以上に述べたように、集団↔個人という魚毒漁の区分のほかに、奥では大人↔子どもという魚毒漁の区分がある。大人の魚毒漁については、ここまで述べたとおりである。では、子どもの魚毒漁とは、どのようなものであるだろうか。

　魚毒漁は、適当な立地（潮だまりなど）があれば、これといった道具や技術がなくとも漁獲物が得られるという利点がある。たとえば久米島では、「女子どもや年寄りはササ入れをして小魚を獲った」「ササを使って浅瀬のハゼ類やベラ類を獲ることは、近縁まで続いた女たちの漁のひとつ」という報告がなされている（仲原 1990）。

　これまで書いたように、奥では魚毒漁は成人男性を中心としたものとして語られているが、ルリハコベ（図54）に関しては、子どもの使うものとされていた。ルリハコベは、中琉球を中心に、いくつもの島（集落）で使用が見られる魚毒植物である（図55）。ルリハコベは時期になれば道端や畑に繁茂するため、大量に集めて魚毒として使用するのも、それほど困難ではない。が、聞き取りの中で、しばしばその効き目は弱いという点について、言及が見られた[注2]。

　止水である潮だまりでの利用は聞くが、流水である川でのルリハコベの利用は、現在のところ聞き取った例がないのも、効き目の弱さを裏づけていると考えられる。また、こうした弱毒性という特徴も、奥においての、ルリハコベは子どもたち専用の魚毒植物という位置づけを生み出したのかもしれない。

注2　たとえば沖永良部・知名では、ルリハコベの効果について「ミジクサ（ルリハコベ）を潮だまりが青くなるぐらい入れましたが、魚がそんなに出てきた覚えはないですね。子どもたちで、抱えられるだけミジクサを抱えていきましたけどね」という話を聞き取った。こうした弱毒性の特性からだろう。ルリハコベは海の潮だまりにおける魚捕りについてのみ、聞き取ることができた。そのため、ルリハコベの魚毒使用は琉球列島に広く見られる（喜界島、奄美大島、徳之島、沖永良部島、伊平屋島、沖縄島、久米島、池間島、来間島、伊良部島、多良間島、石垣島、与那国島）ものの、奄美大島の場合、遠浅で潮だまりが見られない瀬戸内ではルリハコベの使用について聞き取ることがなく、一方、潮だまりが見られる笠利においてはルリハコベの使用について聞き取れた。

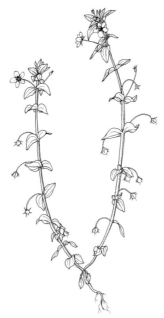

図54 ルリハコベ

以下に奥におけるルリハコベの使用についての聞き取りを列挙してみよう。

——ワンクゥビーナ（ルリハコベ）は海のちょっとしたフムイで使うものです。採ってきたら、石でこすってフムイに入れます。ただし大人の仕事ではなくて、子どもの遊びのようなものです（E.S. さん）。

——ササにしますが、イジュが大人が利用するのに対して、子どもたちがこの草をササとして使います。小学校3年生以下の子どもが使うもの。海に行ったら、イーバー（ハゼ類）のようなものが泳いでいる。ワンクゥビーナがあったら、そんな小さな子どもでも魚が捕れる。遊びを含めたものです（T.S. さん）。

——小さな子どもは最初、海で貝を拾う。そのうち先輩が知恵をつける。ルリハコベを使って……と。で、小さい子をそうして遊ばせておいて、年長の子どもたちは、自分たちだけで深みに行く。こんなふうに、子どもた

4.8 魚毒漁の多様性　147

図55　魚毒利用の分布②ルリハコベ
石垣島と与那国島は文献による。

ちにも、いくつになったら、これができるようになるというハードルみたいなものが、区切り、区切りにあった。それを超えるときに喜びがある。5-6歳ぐらいまでがルリハコベ。それ以上になると魚釣りの餌が自分でつけられるようになる（K.M. さん）。

(盛口 2015a)

聞き取りにあるように、魚毒漁は子どもたちの成長過程ともかかわっている。ルリハコベの使用を卒業した子どもたちは、やがてクサビ（ベラ類）釣りをするようになる。これは夏の大潮のときに、立ち泳ぎをしながら魚を釣るというものである。

──クサビ釣りは海の中での立ち泳ぎ。それも2-3時間。水もない、食べものもないで、泳ぎっぱなし。寒くなったら、潮だまりに入って温まって。（中略）それで釣れる日は、50-100匹も釣ったことあったよ。釣れた

魚の目に、ヒモを通して、ヒモの後ろにウキをつけていて。この 2-3 m のヒモのことをアチミといっていたよ。クサビは煮てもおいしくないから、カーカスー（乾し魚）にしてね。クサビ釣りは小学校の 2、3 年生ぐらいから行くようになる（N.U. さん　昭和 3 [1928] 年生まれ）。

(盛口 2012)

　このクサビを釣るときの餌は、イヌジと呼ばれる小型のタコが最適とされた。イヌジは干潮時にピシ（リーフ）に姿を現すが、場合によっては穴の中に引っ込んでしまい外に出てこない。このとき、魚毒が使われた。

　――タバコの葉もササとして使いました。タバコの栽培、勝手にするのは禁じられているが、じいさんたちは自分で吸う分はつくっていたから。それを盗んできて、ちぎって潮だまりで使った。タバコの吸い殻を使うこともあった。これはイヌジと呼ばれる小さなタコを捕るため、泳いでいるものを見つけたらそのまま捕れるんだが、穴に入ってしまったものはタバコの葉を使って追い出して捕る（K.M. さん）。

(盛口 2015a)

　このように、奥においては、「いつ」「どこで」「だれが」「なにを目的として」「どんな植物を利用して」魚毒漁を行うかが、事細かく分かれていた。これは、適当な大きさの川や潮だまりがあることに加え、高島的環境にある奥では背後に山がひかえており、多様な植物の利用が可能であったからであろう。
　これに対して宮古諸島の池間島の魚毒利用は対照的ともいえるものである。
　池間島でも魚毒は利用されていたが、この聞き取りにおいて、魚毒植物がなんであったか明らかにするのに、しばし時間がかかった。どの島においても、聞き取りにあたっては、どのような植物を魚毒として使用していたかについて、方言名で答えられることが多いため、実際の種類を判断するのに時間を要する場合がある。しかし、池間島の場合、それがほかの島にもまして困難さをともなった。なんとなれば、話者も「遠い記憶」としてしか、魚毒

植物を記憶していなかったからである。魚毒は1951年施行の水産資源法によって使用が全面的に禁止されている過去の漁法である。ただし、池間島では魚毒漁は、まったく子どもたちの遊びとしてのみ行われていたのである。そのため、70代の話者にとっては、60年近くも過去の記憶を呼び覚ます必要があり、どのような植物を魚毒として利用したのかという記憶があいまいになっていたのである。たとえば、聞き取りは次のようなものであった。

——（魚毒に使った草の）名前はわからないなぁ。ズガマスナスフサ（小魚を殺す草の意味）とかかなぁ。葉っぱが細かったような気がする。黄色い花だった。何年か前に見たことがあるよ。つぶして液体をツボ（潮だまり）に入れた。すると魚がしびれてびくびくして、お腹を上にして……とか。ただ、入れる量が少ないと、触ると逃げるけど（O.Y.さん　昭和31［1956］年生まれ）。
——魚を捕るのに使っていたのは、この草（ルリハコベ）だよ。この草をつぶして、車2台ぐらいの大きさのツボでやったよ。捕った魚は食べていたよ。（草の）名前はわからない。昔は知っておったけど、忘れた。ズガマビューヤスフサ（小魚を酔わす草の意味）とかかな。使っていたのは、この青い花の草でまちがいがない（M.M.さん　昭和17［1942］年生まれ）。
——今の時期（注：春）に生えているものだね。子どものころ、この目の前の海に、ハゼみたいなのがいっぱいいてね。穴の中に入るから、穴の中に草をつぶしたものを入れると出てくるから、そうして遊んだよ。（中略）食べないよ。遊びだよ（I.N.さん　昭和8［1933］年生まれ）。

(盛口 2015c)

池間島で利用されていた魚毒植物は、青い花を咲かせる草（ルリハコベ）と黄色い花を咲かせる草（シナガワハギ）であり、潮だまりでの魚捕りに使用された。シナガワハギ（図56）は江戸末期にはじめてその名が本草書に現れる帰化植物である（清水 2003）。先に少し取り上げたキリンカク（またはフクロギ）もそうだが、移入された植物も伝統的な植物利用に組み込まれている例として興味深い。また、シナガワハギは北海道から琉球列島にかけ

図56　シナガワハギ

て広く分布しており、沖縄島・那覇の都市部などでも普通に見ることのできる植物となっているが、現在のところ、シナガワハギの魚毒利用は池間島と、沖永良部島（話者の説明から、おそらくシナガワハギであろうと判断した）から聞き取っているのみである（図57）。このようなことから、どのような植物を魚毒として利用するかは、かなり手当たり次第にためしてみて、効き目のある植物を取り入れるという経緯があるのではないかと考える。ルリハコベやイジュなど琉球列島の代表的な魚毒植物に関しては、島々や集落を越えて、情報が伝播したことが考えられるが、ある島や集落においてのみ特定の魚毒植物が見られるという点に関しては、偶然も左右している可能性がある。

　ともあれ、池間島では奥や花徳と比べると、魚毒を使用する場所も限定されており、使用する植物種も2種類で、使用するのも子どもに限られていた。池間島は典型的な低島であるうえ、面積も狭く、利用できる植物種は少なく、魚毒漁を行えるような河川もない。また、このような立地の池間島では漁業が生業の主軸であったため、成人男性は海での漁労に専念しており、魚毒漁といった非効率的な漁法を行う余裕も必要もなかった。

4.8 魚毒漁の多様性　*151*

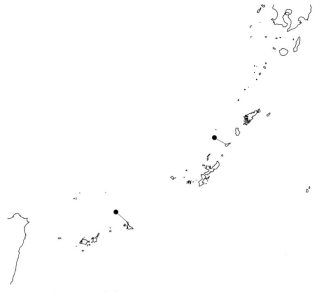

図57　魚毒利用の分布③シナガワハギ

　ひとつ付け加えると、琉球列島全体を見渡せば、ルリハコベは、必ずしも子ども専用の魚毒植物ではなかった。たとえば、沖永良部島では、ルリハコベを使った魚毒漁は、家族総出で行うとある（『和泊町誌』）。私自身も、沖永良部・正名の話者から、ミジクサ（沖永良部島における、ルリハコベの方言名）は子どもだけでなく、大人も一緒に使用するという話を聞き取っている。与論島でも、「主食を捕るという意味合いではなく遊び半分」というものの、子どもだけでなく大人もミミジグサ（ルリハコベ）を魚毒にしたという話を聞き取った。
　こうして見ると、里の地理的な条件（低島か高島か、河川の有無、潮だまりの有無）、植物相とのかかわり、人々の生業、情報の伝播、偶然などのさまざまな要因が複合的に組み合わさって、どのような魚毒漁が行われていたかが決まっていたといえる。

4.9　アダンの利用

　私は、魚毒漁に焦点をあててかつての里山について調査している中で、池間島の特異的な魚毒利用に行きあたった。これをきっかけに、隆起サンゴ礁からなる低島の里山に、より強い興味を抱くことになる。地形的に起伏に乏しく、地表に流水が見られず、植生も貧弱な低島においても、人々は自給自足的な生活を持続していた。そこには、どんな工夫があるのだろうか。また、それは、どのような景観を島にもたらしたのだろうか。はたまた、低島は低島として、ひとまとめにしてもよいものだろうか。

　ここで、波照間島、多良間島、池間島、伊良部島、来間島、与論島、沖永良部島、喜界島といった低島について相互比較をしながら見ていくことにしたい。

　この比較をするにあたって、まず、低島的環境である沖縄島・南部・仲村渠と、高島的環境である沖縄島・北部・奥における薪の比較を行ってみることにしたい。

　仲村渠において、煮炊きの燃料については、①日常、②儀礼、③製糖期、の三つに分けてみることができる（当山・安渓 2009、盛口 2013b）。

① 日常：カヤダムンと呼ばれる、チガヤやススキの枯れ葉などをまとめたものが主。また、ウージガラダムンと呼ばれる、サトウキビの搾りかすを、干したものも使う。スーチバダムンという、ソテツの葉を干したものもたまに利用。
② 儀礼：正月はマツの薪を利用。
③ 製糖期：サーターダムンと呼ばれる、原野から採った、雑木混じりのチガヤやススキなどをまとめた薪。このほかに、ウージガラダムンやスーチバダムンも利用する。原野を持っていない家庭では、ウージヌカリバーというサトウキビの枯れ葉を利用したが、これは火力に乏しい。

　これに対して、奥では、基本的に、集落背後の山から採ってくる、枯れ枝や、枯れ木などを割った薪を日常的に利用していた。また、これ以外に、販

売用の薪を那覇などに向けて出荷もしていた。奥での薪利用は、次のように区分できる（盛口・宮城 2017、『奥のあゆみ』）。

① ジル用：ジルと呼ばれる囲炉裏で使うもの。冬場、暖をとるのに必要。直径 20 cm ほどまでの丸太を 60 cm ほどの長さにそろえたもの。シイなどの硬い木が、火力が強く、煙も少ないので薪として喜ばれる。ジルは、イザリ（冬場の大潮に、夜、塩の引いた海で漁をすること）で冷えた体を温めたり、産後に母親が腰を温めたりする場でもあった。
② 炊事用：太いものは、直径 5 cm ほどに割って太さをそろえた薪。長さは 50-60 cm。
③ 販売用：サバターと呼ばれる。50 cm ほどの長さに切りそろえ、円周で 50 cm ほどの束にしたものを出荷した。

　同じく高島的環境である奄美大島・蘇刈で聞き取りを行った際も、「サトウキビの葉は燃料にしてもぱっと燃えてしまうようなものだから、肥料にするだけ」といった話を聞き取った（盛口・安渓貴子 2009）。種子島の沖ヶ浜田では、現在でも昔ながらの製法で黒糖をつくり続けている砂糖小屋が二つあり、そのうちのひとつの砂糖小屋の棟梁をしている話者からの聞き取りによれば、砂糖を炊くときの薪は、「もとはマツ。マツは火力があるから。昔はマツしか使わんかった。最近はマツがないから、雑木や廃材を使っている」（盛口 2013c）ということであった。すなわち、製糖用には、できるだけ火力の強い薪のほうがよいわけであり、本来は、サトウキビの葉などは、製糖用の薪として不適なものであるということができる。つまり、低島では、かなり燃料の確保に苦労をしたわけであるし、逆にいえば、薪として利用できる森林資源がほとんどないような島（集落）において、どこから燃料を確保したのかは低島の里山の景観と大きくかかわることではないかと考える。
　ここで、池間島の場合を見てみよう。
　池間島は、面積 2.8 km^2、最高標高 25.6 m という、小さく、平たい島である（目崎 1985）。かつては、集落の脇から島の奥へ、イーヌブーと呼ばれる入り江が深く入り込んでいたが、現在は海との開口部がふさがれ、湿地化

図58　アダン（池間島）

している。島の生業が漁業を中心にしていたことは先に書いたが、島の平坦地はサツマイモや雑穀など、日常の食料を生産するために畑として開墾されていた。また、イーヌブー周辺には、ごくわずかに田んぼもつくられていたという。この池間島において、日常の煮炊きの薪として利用されたのは、アダンの枯れ葉であった。

　タコノキ科のアダン（図58）は、縁に棘を生やした細長い葉をつける常緑の木であり、幹は斜めに伸び、ところどころから気根を地に下ろす。日本での分布はトカラ列島の口之島以南（大橋ほか 2015）であるため、本土の人にはあまりなじみがないかもしれないが、中琉球から南琉球の島々にかけては、海岸植生としてごく普通に目にする植物である。またアダンは、「島の始まりにアダンが自生し、二番目にヤドカリが姿を現し、三番目に男女二人がカブリーといいながら穴から姿を現した」と、八重山の創世神話に最初に登場する植物ともなっている（岩崎 1974）。この神話ともかかわりがあるのか、島によっては、お盆のお供えとして、パイナップルを思わせるアダンの実を仏壇に供えるところもある。

4.9 アダンの利用

　池間島には、島の北部海岸沿いにアダンニーと呼ばれるアダン林があり、かつて、人々は、ここから毎日のように枯れ葉をつんで煮炊きに利用した。この往時のアダンの利用について、NPO法人いけま福祉支援センターの職員であり、また、蔡温の杣山制度の研究者でもある三輪大介さんに手ほどきや案内を受けつつ、話者からの聞き取りを行った。

　——小学生のころ、アダン葉は貴重な薪だったから。手袋のない時代よ。手をアダンの棘で刺されてもがんばってよ。薪採りが、一番苦労したよ。今日採ってきたお芋をニンマイナベ（二枚鍋）で炊くでしょう。これ炊いたら採ってきた薪、みんな燃えてしまって、翌日にも採りにいかないと。たいへんだったよ（H.I. さん　大正13［1924］年生まれ）。
　——アダン葉採りに、自分たちは同級生と山に行って、アダン葉を採ってきて、芋をふかして食べたからね。芋のカズラも干して薪にしたよ。（中略）梅雨の時期には、薪が不自由するさ。そんなときは（池間島の対岸にある宮古島の）狩俣あたりにも船で行ってアダンを採りにいって。カツオ船の人が閑なとき、石巻き漁をするときの石を採りにいくから、薪を採りにいかないかーといってくれるから。狩俣や東平安名のあたりにも薪を採りにいってね（A.K. さん　昭和3［1928］年生まれ）。
　——普段はアダンの葉っぱばかり薪にしたよ。ススキの葉とね。（中略）畑の周囲のススキも切って、干して薪にして（T.M. さん　大正15［1926］年生まれ）。

（盛口ほか 2017a）

　聞き取りに見られるように、ススキやサツマイモを収穫した後の芋づるなども干して薪にしたが、薪の中心はアダンの枯れ葉であり、アダンニーの枯れ葉だけでは不足した場合は、宮古島まで船で渡り、薪としてのアダン葉を収穫していた。池間島におけるフィールドワークをまとめた『沖縄池間島』（野口 1972）には、池間島の薪の種類を、次の4種類に区分している。

① キダムヌ：木の薪。モクマオウ、テリハボク、ガジュマルなど。
② タムヌ：サトウキビ、アダン葉、芋のつるなど。

③　アダンツーダムヌ：アダンの実をばらばらにして干したもの。魚を乾燥させるときに、炭代わりに使う。家庭用の炭代わりにも使用。
④　木の皮：鰹節工場で使用する、鰹節を焙乾する材の皮の部分を家庭用に使用。

上記の分類でも、タムヌ――薪の基本はアダンやサトウキビの葉であり、木の枝の薪には、わざわざキダムヌという別名称を与えているのがわかる。

昭和11（1936）年に池間島で生まれた著者の手による『海人の島』（平良 2002）には、アダン葉を薪として煮炊きする様を「芋が主食の時代であり、炊きあがるまで一時間以上の時間を要した。その間、いっときも火の傍を離れることはなく、もくもくとたちこめる煙の中で、火力をつけるため竹でつくったふいごで、フゥフゥ言いながら風を送る。それに50センチほどの棒きれでアダン葉を押し込む作業もあり、当時の女性たちは大変ご苦労しておられた」と書き表されている。また、同書には、宮古島まで船でアダン葉を採りにいった女性たちが、宮古島の山番（森林の管理者）とトラブルになった逸話も紹介している。最初のうちは黙認されていたが、アダン葉の中に、枯れ枝が混じっていたのが、トラブルの発端だったと書かれている。逆にいえば、同じ低島であるため燃料確保に苦労のある宮古島（そのため枯れ枝の採取がトラブルの原因となった）であっても、アダン葉の採取は黙認されたということである。そのようなアダン葉を煮炊きの中心にしていたことが、池間島の特殊性ということができる。

なお、2017年8月5、6日に、三輪さんらが中心になって開催された「第1回アダンサミット」のおり、池間小中学校の生徒たちが総合の時間に行ったアダンに関する研究を発表した（「島の暮らしを支えたもの――アダン文化を学ぶ」）。この中で、生徒たちによるアダン葉を使ったサツマイモの煮炊きの再現実験が紹介された。これによると、7リットルの水で、9.3kgの芋をアダン葉の薪を利用して炊いた場合、およそ25kgのアダンの枯れ葉が必要で、所要時間は37分ということであった。

このような池間島では、奄美諸島でソテツが救荒食糧源だけでなく、緑肥にも利用され、島の人から「ソテツ文化」といった呼び名も生まれ出るよう

図59 アダンの実

な位置づけられ方をしたのと同様、アダンが燃料だけでなく、さまざまな利用のされ方をして、いわば「アダン文化」といった呼び名もつけうるほどの位置づけられ方をしていた。

　アダンの枯れ葉は燃料とされたが、アダンの実（図59）は子どもたちのおやつ、また、実の芯の部分は料理の素材ともなった。実をばらばらにして干したものは、炭代わりとして利用された。アダンの気根から採れる繊維は耐水性のある縄などに加工され、アダンの幹は簡単な構造物の柱に利用された。なお池間島の場合は、畑の緑肥は、畑の防風垣として植栽されていたオオハマボウの葉を利用したという。

　池間島ではアダンがさまざまな用途として使われていたわけだが、いい方を変えれば、人々の植物利用がアダンに集中していたということもできる。

　たとえば繊維利用を見てみよう。沖縄島・南部・仲村渠も低島的環境にあり、野生のつる植物の利用はほとんど見られないということを先に書いた。その仲村渠では、繊維を利用する植物として、イネの稲藁のほか、シュロ、アダンの気根、ゲットウ、オオハマボウの樹皮があった（当山・安渓

2009)。このうち、シュロは琉球列島の島々で、繊維を利用するために広く栽培されている植物であった。ところが、池間島では、繊維の素材はアダナスと呼ばれるアダンの気根に集約されてしまい、シュロの栽培も聞き取ることがなかった。

　アダンが池間島において、どれだけ重要視されていたかということを示すものとして、池間島では、ほかの島ではあまり見られないような、アダンの部分名称が存在することもあげられる。アダンの実は集合果で、熟すとばらばらになる。池間島では、このばらばらになった個々の実に対しての名称（ツガキ）、および実の中心軸についての名称（バス）が存在する。また、熟したアダンのばらばらになった実の根元には肉質部があり、甘みをともなうためにしゃぶるようにして食べることができる。そのため、池間島では子どものおやつとしてポピュラーな存在であったのだが、この肉質部の味に、おいしいものと、おいしくないものがあった。くわえて、アダンの幹は中空なのだが、木によって、中心部まで詰まっているものがあり、こうした幹は建材として利用可能だった。これらの特質の違いから、池間島では、アダンに水アダンと石アダンの区別をつけている。以下に、池間島の人々からの聞き取りの中で、枯れ葉の薪利用以外のアダンの利用に関する部分を抜いてみる。

　――ツガキは袋に入れてとっておいたさ。米屋で使うような袋にね。これに保存しておいて、冬の寒いときに出して、火鉢に砂を入れて、乾燥したツガキを置いて、これを燃やして温まった。時代が時代だったから。（中略）（繊維には）アダナスを使う。これを採ってきて干して、これでフダミ（草履）もアンディラ（海で獲物を入れる網かご・図60）もつくる。（中略）昔のおばあたちは、潮干狩りのときは、前もってフダミをつくっておいてね。そうすると、小さな魚ガマ（魚っこ）が穴の中で眠っているふりをしてね。手袋がない時代だから手で捕って。ハラフニャ（アイゴ）に刺されて肩まで腫れたことがあるよ。捕った魚はアンディラに入れて持って帰って。アダン（の実）はいろいろと味が違う。甘いのもあれば、おいしくないのもある。薪をよく採りにいっていた姉さんたちはおいしいのがどこにあるかわかっていたよ。知らない人はわからないよ。バスにも甘

4.9 アダンの利用　159

図60　アンディラ（池間島）

いものもあるし、いろいろと味が違うみたい。筋っぽいのもあるよ。おいしいのは、薪採りのときに採って、家まで持って帰ってね（H.I. さん　大正13［1924］年生まれ）。
——（アダナスを切るのは）いつでもいいよ。アダナスは6月ごろに生えてくるから、長さが50 cm ぐらいになったら、切って、小さく割って、裂いて。（バスには）おいしいのもあれば、おいしくないのもある。（アダンの幹の）硬いやつを選んで、それで家をつくってね。まっすぐのを選んできて。そう、小屋の柱。横木にも使って。木のない島だから。アダンの木を切って、小さい小屋をつくって。田んぼのあったあたりに生えているアダンの葉を切ってきて、ムシロみたいに機織りしたよ。葉の長いものを採ってきてね。くぎを3本たてて、真ん中のは取らないようにして、アダンの棘のあるところを取って。これを機織りみたいにして、ムシロをつくっていた。アダンバムシロ（T.M. さん　大正15［1926］年生まれ）。
——（アダンの）実がいっぱいなるが、あっちはおいしい、こっちはおいしくないと。薪を採りながら、アダンの実も採って。これを薪の中に入れ

て頭に載せて。実をちぎっていくと、中にバスがあるでしょ。あれはおかず用にもしていたよ。そんな生活だよ。（アダナスは）採ってきたら、縄をなって、船のロープにしたから。アダナスを裂いて、縄をなって、ミズハマ（集落前の浜）は広くてロープをなう道具があったから。そこでロープにして。アダナスはアンディラもつくるし、フダミもつくるし。海に行く人はフダミを履いていったよ。私も履いていたよ（A.K. さん　昭和3［1928］年生まれ）。

——石アダンはツガキが詰まっている。水アダンはツガキの間が開いていて、ひとつひとつ、もぎやすい。バスは煮つけて食べるけど、子どものころはそのままも食べた。ツガキをもぐと、根元のところに甘いところがあるから、それをしゃぶって捨てて、中にバスがあるから、実の柄をつかんで今度はバスを食べて。要領のいい人は、実の先のほうだけツガキをもがずに残しておくと、その先と柄のところを両方持って、トウモロコシを食べるみたいに、バスを食べれるわけ（O.Y. さん　昭和31［1956］年生まれ）。

（盛口ほか 2017a）

池間島におけるアダンの利用をもう一度まとめると、以下の9点となる。

① 島の北部にアダンニーと呼ばれるアダン林が存在する。
② 日常の薪のほとんどがアダンの枯れ葉だった。
③ アダンの枯れ葉が不足した場合、宮古島までアダンの枯れ葉を採りにいった。
④ アダンに水アダン、石アダンという区別を行っていた。
⑤ アダンの実に、ツガキ、バスという部分名称を与えていた。
⑥ ツガキはおやつ、バスは料理素材となっていた。
⑦ 干したツガキは炭代わりに利用され、燻製をつくる際にも利用された。
⑧ 石アダンの幹は建材に利用された。
⑨ 気根であるアダナスの繊維が多用された（かわりにシュロが見られなかった）。

池間島の場合、薪に注目することで、島の中に薪の供給源となるアダン林が確保されていたことと、このアダンに植物利用が集約されるかたちとなっていること（いわば"アダン文化"の存在があること）がわかった。では、ほかの低島ではこのような特定の植物への利用の集約は見られるのだろうか[注1]。

4.10　薪の利用から見た奄美諸島

　与論島は面積 20.32 km^2、最高標高 97.1 m、地形別面積比では石灰岩の段丘が 100% となっている低島である。与論島での聞き取りでは、魚毒としてミミジグサ（ルリハコベ）のほかに、ハンバラ（海岸の隆起サンゴ礁からなる石灰岩）の上に生育しているトウダイグサ科のパッタイマチ（イワタイゲキ）を潮だまりで使用したことがわかった（図61）。このような場所に生育している植物を利用しているのも、与論島が低島ならではといえる。

　与論島は低島ではあるが、天水田と、湧水からの流路に沿ってつくられた

注1　『海岸環境民俗論』には、「宮古諸島の池間島、沖縄本島諸島の久高島では、かつて島の燃料はアダンの枯葉であった」（野本1995）とある。久高島では、昭和14（1939）年生まれの話者の方から、以下のような話を聞き取った。

　盛口：昔のかまどに、どんな焚きものを使っていたかを教えてください。
　——アダンの葉っぱや枯れた木ですね。
　盛口：やはり、アダンの葉っぱを使っていたんですね。
　——すごく、いっぱい、いっぱい。台風の後はよく落ちるんですよ。それをみんな集めて。これが喜びです。普段は、1本1本枯れた葉を拾って歩いて、たいへんでした。利口な人は、この木は私の木……なんていっていましたが、枯れ木も薪ですが、枯れ木はそうあるわけではないので。冬は畑はやらないから、薪拾いの季節です。ススキの枯れたものを1本、1本束ねて、貯めて。10束取り終わったら、家に帰れるんです。20歳くらいまでは、これが仕事。枯れ木は、1本あったら喜んでいました。カベール（注：地名）に行って、木の上に上がって、枯れ枝落として……とやっていました。昔は、今みたいに枯れ木なかったよ。枯れ木、1本見つけたら喜びだったのにね。
　盛口：雨降りの季節もたいへんですよね。
　——そうです。ハイキといって、アダンの根っこが垂れて、枯れているとこがあるでしょう。そういうのをハイキといって、これは雨が降っても、濡れていないから、燃えるわけよ。
　（以下略）

　この話から、久高では、アダンの枯れた気根に、「ハイキ」という特別な名称を与えるほど、アダンに燃料としての価値があったとされていたことがわかる。

図 61　イワタイゲキ

田（図62）が存在した^(注1)。明治6（1873）年の記録では、与論島には田んぼが147町4反7畝あり、畑は190町（うちサトウキビが110町）あったと記されている（久野 1954）。これより古く、寛政時代の記録には、「与論島の水田はすべて天水田のため、稲の刈り取り終了次第、水が残っている田圃は早々踏付けを行うように申し附け、水漏れのないよう島役人が巡廻して下知（指導）すること」という内容が書かれているという（先田 2012）。

　与論島では、田んぼの緑肥には、ソテツの葉を利用した。聞き取りでは、1963年に島に製糖工場ができて後、キビ作への転作が進んだという。その与論島におけるアダンの利用についての聞き取りを以下にあげる。

注1　与論島出身の瀬戸内町立図書館・郷土資料館学芸員である町健次郎さんによると、「与論島の集落は昔は六つで、今は八つだが、祭りなどでは1島で1村的です。どこがムラの境界か、自分たちでもよくわかりません。概観でいうと、島の中心を"里"、周囲をパルといいます。与論島は、"里-パル"の対で考えてよいと思います。"里"は標高100m前後の高台で、水が湧き出るところ。明治期まではここのみに集落があり、それ以降、井戸掘りの技術の発達とあいまって、"パル"にも集落ができました」とのことである。

図 62　現在も残っている田んぼ（与論島）

　——アダニヌチーは、子どもだけでなく、大人もごちそう。実の中の軸も食べました。小学生のころ、薪拾い、草刈りは、このあたりではどうしても海のほうへ行きます。だから行き着いたところは浜です。そこにアダンの実があって、食べて。学校の帰りも、どこのアダンの実はおいしいという話をしながら帰りました。こっちがおいしい、むこうのはおいしくないとわかっていました。アダンの実の中の軸が一番おいしい。食糧難のときは最高のものです。生で食べるだけでなく、あれを輪切りにして、ゆがくか蒸して食べました。調味料は、あの当時は味噌だけで味つけ。マメとかも一緒に煮込んで食べたものですよ。魚とかも入れて。子どものころに食べたものです。アダンの実の軸は外側がおいしいです。薪採りも、行き着くところは浜のアダンです。枯れ葉を採って、実を採って、アダンはいつの世でも宝です（T.K. さん　昭和元［1926］年生まれ）。

　——（アダンの実は）食用に食べることはありませんが、採ってかじれば味があるから、よく子どもが採って食べました。アダナシ（アダンの気根）は大事な繊維です。牛の紐もアダナシです。シュロはなかなかないか

ら。アダンは浜辺に行くとたくさんありますから。ほんと、こうした話は、私たちが死んでしまうとわからなくなるはず（Y.K. さん　昭和3［1928］年生まれ）。

――アダンの実の中の芯のところは甘みがないけれど、切って料理しました。アダンの実は、今でもお盆に供えますよ。一説では、ご先祖様がごちそうを持って帰ろうとすると、悪霊が盗ろうとする。それを、アダンの実の外側のものを1粒ずつちぎって投げて退治する……と。古事記に出てくる話と似た話です（T.T. さん　昭和11［1936］年生まれ）。

　T.K. さんの話に出てくるアダニヌチーは、アダンの実をばらばらにしたものの名称である。与論島ではアダンの実の軸も食用にしていたことが聞き取れたが、この実の軸には部分名称はないようだった。それでも、アダンの実をばらばらにしたものに名称が存在するのは、それだけアダンを重要視していた証であるだろう。なお、試しに『与論方言辞典』（菊・高橋 2005）から、アダンにまつわる用語を拾い出してみると、以下のようになる。この中に、アダニシブルーやアダニヤマといった、アダンの生育場所の名称があることにも注目したい。ソテツの場合でも、このようなソテツの生育場所に特定の名称を与えていた島（集落）は、それだけソテツを重視していた証であると考えられたからだ。

　アダナシ　アダンの気根
　アダナシジナ　アダンの縄
　アダナシビマイ　アダンの気根の繊維でなった小縄
　アダニ　アダン
　アダニヌチー　ばらばらにした実
　アダニシブルー　アダンの群生地、アダン山より面積が狭い
　アダニナーグ　アダンの若葉・葉の芯
　アダニブッカ　枯れ腐って、ぶかぶかになったアダンの幹
　アダニママ　アダンの実
　アダニママショーシ　アダンの実でつくった酢のもの
　アダニヤマ　アダン山

4.10 薪の利用から見た奄美諸島

では、与論島でも薪はアダン葉に頼っていたのだろうか。与論島における薪の利用についての聞き取りは、以下のようになる。

——薪は与論の泣きどころ。与論は薪と水のないところ。(中略)(子どものころ)薪拾いに行かされても、山もないから道ばたから薪を拾って集めるのがたいへん。ソテツの枯れ葉、アダンの枯れ葉、ススキの枯れ葉……こうしたものを薪にして。木の枝を拾えたら、もう最高(T.T. さん)。

——(砂糖を炊くときの薪は)藪からカヤとか雑木とかを切って、枯らして使いました。あとキビがらも干して使って。昔は牛で搾っていたから、完全に搾れないので、干すと、いい焚きものだったですよ(Y.K. さん)。

——(薪採りは)ソテツの枯れ葉やらススキの枯れたものを採りにいきました。貴重だったですね。自分の畑まわりとかに採りにいくんですが、ハチに刺されて、顔を腫らしたまま学校に行ったり。木の枝はなかなか拾えません。枯れ葉を薪にすると、芋を煮るときもぱーっと火がついてすぐに消えてしまうので、子どもにはかま焚きはできなかったですよ(T.I. さん 昭和元[1926]年生まれ)。

聞き取りにもあるように、与論島では薪の確保に苦労した。明治期の文献を引いてみると、明治6(1873)年、大蔵省派遣調査団は帰任後、報告書を著しているが、その中で与論島について以下のように記述している(久野1954)。

「山林なく薪は皆蘇鉄、アダン(木名なり)の葉を用ふ。かくの如く燃料に乏しきを以て、在番士及び与人横目等の外、島民は常に浴湯することなく近傍の池水に至って手足を洗ふのみ」

これを見ると、やはりアダンの葉はかなり頻繁に利用されていたようだ。ただし、与論島では、池間島のようにアダンの枯れ葉に特化することなく、ほかに、ソテツやススキなどの枯れ葉も薪として利用していた。サトウキビの栽培もさかんだったため、製糖工場のできる以前、砂糖小屋で小規模な製糖がなされていたころは、サトウキビの搾りがらも、干せば、重要な薪資源となった。『与論方言辞典』では、薪のことをタムヌと呼ぶが、木の枝などの薪はシダムヌ、枯れ葉などの薪はパーダムヌと呼び分けるとある。さら

に、薪と関連した用語として、マチギダムヌ（マツの薪）、フギガラダムヌ（サトウキビの搾りがらの薪）、アダンパダムヌ（アダンの枯れ葉の薪）といった用語が掲載されている。これらの用語から、「葉」も薪として重要な位置を占めていたこと、アダンの葉にくわえ、サトウキビの搾りがらの薪にも個別の用語が与えられていたこと（それだけ重要な薪であったこと）がわかる。

与論島で池間島のように薪がアダンに特化していないのは、池間島に比べれば土地が広く、アダン以外にも薪として利用できる植物が生育していたからだろう。耕作地の境界に植えられたほか、ソテツはソテツ山と呼ばれるまとまった生育地が存在した。このソテツは、救荒食用のほか、葉を緑肥や燃料に使用していた。

では、与論島同様、低島に分類される喜界島はどうであろうか。

喜界島の面積は 55.71 km^2 と与論島の 2.5 倍以上の面積がある。最高標高も 224 m と与論島より高い。ただ、地形別面積比は石灰岩の段丘が 97% と、全体的に平坦な隆起サンゴ礁からなる典型的な低島である点は与論島と同じである（目崎 1985）。

喜界島では、魚毒植物として、ミッチャルー（ルリハコベ）とティンボッサー（キツネノヒマゴ・図63）を潮だまりで使用することを聞き取った。与論島同様、魚毒に樹木の使用が見られないのは、やはり低島的特徴といえる。ただし、文献には山の泉でサンショウ（アマミサンショウ）や、イジュを使ってオオウナギを捕ることがあったとも書かれている。このうち、イジュはわざわざ奄美大島から持ち込まれたものである（岩倉 1973）。

与論島と同じ、明治期の記録を見ると、喜界島は以下のように、やはり薪の資源不足に悩まされていたことがわかる。

「深林曠原なく、一面尽く耕地あり。屋傍又は山野に在る樹木の中、榕を以てもっとも繁茂するものとする。その他周囲一尺以上に至るの木甚だ少し。（中略）島中絶えて山林なきを以てもっとも燃料に乏し。その代わりに屋辺の木枝、或は流木又は山野の茅草等を以てするものを上等とす。その下等に至っては牛馬糞を転かしてこれを用ふ。島民六七歳より十三歳に至るの男女が、毎日路傍に出て牛馬糞を両手の間に圧合して扁塊を造り、これを太陽に乾かすを業とす。（中略）然れどもこの糞塊は多く塩を製するに用ふる

図63　キツネノヒマゴ

ものにして厨下炊事の用に当てずといふ」(久野 1954)

では、聞き取り調査の中で、薪はどのように語られただろうか。

——ソテツは畑の脇に植えてありました。それが改善事業でなくなりました。戦後は幹も採って食べました。ソテツの葉っぱは薪にしたり、堆肥にしたりするものでしたから大事なものでした。ムタ(海岸近くに広がる原野)の芝も薪にしましたよ。鍬で寄せ集めて。でも、ぱっと燃えてしまいます。(製糖期の薪は) ソテツ葉を使ったりしました。大事でしたよ、ソテツは。あとはウンニャラー(キビの搾りがら)とかススキとか。(日常の薪は) ソテツの葉とか、ススキの葉とか。ウンニャラーも大事。昔は薪がなくて、名瀬から運んだこともあるようです。ソテツ山も(今は)なくなってしまって。もうまとまって生えているところはないですね。大事なところだったんですけど。(中略) アダンは食べたことがありません。アダンはアザナシから繊維を採ったり、葉っぱで風車とか時計をつくったり。枯れ葉は薪にもしました(志戸桶　T.M.さん　昭和11 [1936] 年生

——ソテツはあんまりなかったです。（中略）ソテツの葉はおもに薪用でした。喜界島は、昔はいっさいがっさい、薪にしていました。（中略）薪を集めておかにゃあ、いざ製糖のときに間に合わない。薪を前もって採っておいて。ススキは今は木におさえられていて少ないが、昔はたくさんあったから、馬を持って行って刈ったり、女の人は刈ったススキを担いできたりして、薪小屋に積んでおかないといけません。苦労したですよ。ソテツの葉も積んで。今はじゃまものですが、キビ（の搾りがら）もわざわざ、いざというときの薪代わりに取っておいて。細かく切ったものは薪にして、長いのは搾りきらないで、糖分を残しておいて、まっすぐなまま干してから、これは宝です。薪代わりに贈りものとして、持っていったりもしました。これも、製糖をする家はあるけど、砂糖小屋のない人はないから気の毒です（先山　S.Y. さん　大正9［1920］年生まれ）。

——うちの集落は、モクマオウが多いんです。ガスが入ってきたのは昭和37（1962）年。それまでは薪です。モクマオウは薪に適しています。台風の後、落ちた枝を採って薪にするんですが、台風の後、勝手に入ってはいけませんでした。集落で薪拾いの日を決めて、一斉に入って拾って、それを戸数分に山分けします。この風習はうちの集落だけではないでしょうか。子どもは山分けされた薪を家に引っ張っていく役目です。（普段の薪は）モクマオウの葉っぱをかいて使ったりしていました。もともと、この集落の南と西は砂山でした。中山ミーハギーといわれていたぐらいです。そこにモクマオウを植林したんです。昭和12（1937）年の話です（中里 A.N. さん　昭和21［1946］年生まれ）。

——（ソテツは）畦にあって、境界にしていました。それをみんな投げてしまって。ソテツは防風、食料、土留に使いましたから。（ソテツは）緑肥よりも薪です。海岸のテンノウメとかも刈って、燃料にしたぐらい。昔は海岸に馬を放したので、雑草もないから、季節になると、ユリが一面に咲いて。ススキも刈ったから、隣の部落まで見えました。その後、モクマオウを植栽して、あちこちに堤防つくって（川嶺　T.I. さん　昭和30［1955］年生まれ）。

喜界島で聞き取り調査を行ううち、集落ごとの薪利用の違いが見えてきた。薪利用の違いは、当然、その集落のある里山の様相と相関関係にある。そこで、聞き取りから見えてきた、各集落の里山の様子を書き記してみる。

　志戸桶集落では、かつて、稲作がなされていた。昭和28（1953）年当時、志戸桶では13町4反5畝の田んぼがつくられていたが、これはサツマイモの作付けのおよそ10分の1であったとある（『志戸桶誌』1991）。

　話者によると、志戸桶の里山には、耕作地のほか、ソテツ山、マツ山、ガヤ山、ムタがあったという。このうち、ソテツ山がどのような場所にあったのかなどは、詳細を明らかにできなかった。マツ山は個人の所有のものであったが、落ちた枝を拾うことは許されていたという。ガヤ山は段丘崖の斜面にあった、屋根を葺くためのチガヤ（図64）が生育していた草地で、これは共有地であったという。ムタというのは海岸一帯に広がる原野であり、馬などが放牧されていた草地で、ここに生えている芝を燃料として利用したという。このような芝まで薪とするのは、かなり特徴的だ。

　ムタの芝を燃料とする話は『志戸桶誌』（1991）によると、以下のようである。

　「女の人たちは、夕方涼しくなりかけた頃、燃料にするササンダーとりに、一生けん命だった。ササンダーはパチパチ音をたてて、熱く良く燃え、案外火持ちも良く、燃料の乏しい本地区にあっては大事な燃料のひとつだった」（注：ササンダーはイネ科コウライシバ・図65）

　志戸桶だけでなく、喜界島では馬の飼育がさかんであった。そのため、里山の構成要素にムタといった環境が含まれ、そのムタの資源利用のひとつとして、薪利用があるわけだ。

　先山では、田んぼの緑肥としてソテツは使用せず、ソテツの葉をもっぱら燃料にしていたというのが興味深い。これは、「ソテツがあんまりなかった」という話者の話からすると、ソテツは薪により優先的に利用されたということだろう。ではなぜソテツがあまりなかったのかは、はっきりさせられていない。明治期の記録には、喜界島は「一面尽く耕地」であった……というように書かれているが、先山は、中里や志戸桶に比べ、耕作不適地が少なく、ソテツを植栽する場があまりなかったのかもしれない。ただし、先山にもマツ山はあったという。

170　第4章　里山の多様性

図64　チガヤ

図65　コウライシバ

中里集落の場合は、話者によれば田んぼがなく畑中心であったという。志戸桶ではカヤ場は共有地であったが、中里では個人のガヤバテー（カヤ畑）にチガヤが植えられていた。畑の境界にはソテツが植えられていた。また、中里の場合、耕作不能な土地が共有地として確保されていて、そこは薪や草を採る場であり、ここにもソテツが植栽されてあったという（仲村渠のサーターダムン山、原野を思わせる）。中里には古砂丘からなる低い丘があり、ここに昭和12（1937）年に県の主導でモクマオウの植林がなされ、以後、薪の重要な供給源としての役割を果たすことになる。

　川嶺は海岸よりも少し内陸部に位置する集落で、山際の集落としては水に不自由した立地であったという。そのため、田んぼの用水として、溜め池が三つつくられた。山はマツ山が多かったという。この川嶺でも、ソテツは緑肥用ではなく、もっぱら薪として利用された。

　参考として、文献によれば、大朝戸・西目集落の薪事情は、以下のようである。

　「良く見たアダン葉拾いの池治部落。浜の芝生を掘り乾かしていた赤連。ソテツ葉、ススキの枯れたのを年忌、正月前に日をかけて取った事。マツバひろい背負って、藁束かつぎ山中に入り掻き集め、四方八方からしばり、背負って来た。藷の地中の茎、根を乾かして藷を煮た。野原から帰る女は必ず手にソテツ葉、小さい枯れ木の枝を握っていた。台風の後は折れた枯れ枝を捜しに行った」

　「（非常用の薪ものとして使う）ウンニャラーは甘蔗の汁を搾った後のカラである。長いものは束ねたり、乾かしたり、何回も繰り返して天井にあげて天井板のかわりに使った。年忌や梅雨時期用としたが、減っていく様はお金が減る感じで寂しかった。短く切れたウンニャラーをチリガラとして四つくびりにして、これも乾かして薪物に利用した」（政 1983）

　こうして見ると、薪利用は、集落それぞれにかなり特徴があったということができそうだ。ただし、全体的にいえば、喜界島における薪利用は次のようにまとめられるのではないかと考える。

① アダンの利用も見られたが、アダンにはそこまで重点は置かれていなかった。かわりにソテツの葉の薪としての重要度が高かった。

② サトウキビの搾りがらは、与論島同様、薪として重要だった。
③ 海岸近くなどを利用して放牧が行われており、その草地の草も薪として利用された。

続いて、沖永良部島について見てみることにする。
　沖永良部島の面積は94.54 km^{2}で、喜界島の約1.7倍の大きさ、与論島に比べて4.6倍ほどの大きさがある。また最高標高も246 mと低島としては高く、先に書いたように高島的要素のある低島である。なお、石灰岩地の占める割合は93％と、これまで見た与論島、喜界島同様、値が高い（目崎1985）。
　聞き取り調査からは、ミジクサ（ルリハコベ）のほかに、栽培植物のデリスとミークラニギー（フクロギ）、それとおそらくマメ科のシナガワハギと思われる植物の利用を聞いた。くわえてイジュも利用していたということも、沖永良部島が高島的な低島である特徴のひとつであるといえる。イジュの利用についての聞き取りは、以下のようなものである。

　——魚毒にはイジュを使った。イジュは大山にあるけど、大山には米軍基地があったから、アメリカに怒られるといって皮剥ぎは朝早くに行った。これ、汁が皮膚についたら、そこがかゆくなるよ。（イジュの皮の粉を）潮が引いたとき、でっかい岩の下のタマリに魚が隠れているからと、これを入れて、すると魚が飛び出てきた。じっちゃんから子どもまで。イジュを入れるぞというと、親族で集まってやった。それでイジュを入れてみんなで捕まえて（国頭　T.Y.さん　昭和20［1945］年生まれ）。

　沖永良部島では湧水と溜め池を水源として稲作が行われていた[注2]。明治6（1873）年の大蔵省派遣調査団の記録では、当時の水田面積は180町。一

注2　沖永良部島の概観について、『沖永良部島民俗誌』（1954）には、「沖永良部島は、大川に発源する余多川が唯一の川。この流域は溜め池を設けず水田耕作が行われる。この地帯の村落を"サト"と呼ぶ。"サト"以外の地域の水田耕作は台地状地帯で行われる。やや高い地……に溜め池を掘り、蓄え、これに続く傾斜地に階段状に水田を設けている。この溜め池地帯を"キナ"と呼ぶ（"キナ"地帯には全島で50に余る溜め池が設けられている）」とある。先の注1にある、与論島の「里-パル」という呼称と合わせて見ると、興味深い。

4.10 薪の利用から見た奄美諸島

方、畑は 1236 町。面積で 4.6 分の 1 しかない与論島の同年の田んぼの面積が 147 町 4 反 7 畝であるから、与論島に比べ、田んぼの割合が少ないということがいえる（逆に与論島は低島の割に田んぼの面積が多かったということができる）。

『南島誌　各島村法』には、「島中平坦の地は開墾して田畑と為すを以て、絶えて原野と称すべきものなし。又山林に乏しきを以て、家屋を建造するの材なし。皆これを琉球国国頭に求め、麦粟を以てこれに易ふ。西方に大山、和泊方に越山と唱ふる官林あれども、水源を陰養する為に伐木を許さず」とある（久野 1954）。

また、木が少ないため、台風の潮風などでイネが枯死することがあるため、10 年間のうちに満足に豊作となるのは 2 年しかないと書かれている。なお、聞き取りでは、田んぼの緑肥としてソテツを使う場合も、使わない場合もあった。

沖永良部における薪の利用に関する聞き取りは次のようになる。

E1・「薪は近くの山に枯れ木を採りにいきました。薪を蓄えておくことはなかったですね。いつでも採りにいけたから」（知名　T.S. さん　昭和 18 [1943] 年生まれ）

E2・「スティツンバーというソテツの葉は枯らして、焚きものにもした」（久志検　S.O. さん　昭和 9 [1934] 年生まれ）

E3・「薪は葉っぱ。ご飯を炊くときに、ソテツの葉だと消しやすい。ふいたら、すぐ火を弱めるとおいしいご飯が炊けるから」（国頭　T.Y. さん）

沖永良部島・知名町にある大山は、もとは『南島誌　各島村法』にあるように官有地であったが、明治 44（1911）年に払い下げられ、現在は知名町の町有林となっており、面積は 277.3 ha ある。藩政時代は、伐採が禁じられていたが、明治になると管理が行き届かなくなり、明治 20 年代にははげ山に近くなったという。その後、植林が始められ、大山は再度、森を抱くようになる。植林された樹木は、スギ、ヒノキ、イヌマキといった針葉樹のほか、イジュやモッコクなどの広葉樹も含まれていた（本部 1996）。なお、聞き取り（E1）では、大山周辺に位置する集落では、大山からふんだんに薪

を得られたように思えるが、文献によると、時代にもよるだろうが、大山から薪を得るのは自由ではなかったとある。『大山町有林物語』に掲載された、薪に関する「思い出」を以下に引く。

「昔、沖永良部の家庭で燃やす薪は、自分たちの手で集めていました。もっともぜいたくなのはサトウキビの搾りかすで、次は蘇鉄の葉でした。松の葉も燃料にしていました。松林に行っては地面に落ちている葉（カージ）を集めて袋（オーダ）に詰めて持ち帰り、庭で干したものです。アダンの葉も燃料のひとつで、葉の枯れている部分を鎌で切ったりしましたが、そのとき、葉にある棘が手を刺して痛い思いをしたことを覚えています。その他、自分の山の松を切ったり、枯れた松を薪に使ったこともありました。

このように薪集めに苦労しているのが私たち一般の家庭だったのですが、例外もありました。その頃、大山の雑木は薪用に伐り出されていました。長さ約50センチに切って、斧で割り、直径20、30センチの竹の輪でくくって、その束を三角形の山状に積んであったのを覚えています。この薪は、小米の料理屋や金持ちの家が競売で買っていっていました」（本部 1996）

ここで語られている内容は、聞き取りのE2、E3とも同質である[注3]。E3は、沖永良部島北部、国頭出身の話者からの話であり、大山から離れて位置している国頭では、木の薪の利用はむずかしく、ソテツの葉（図66）が重宝された。また、国頭の話者からの聞き取りでは、ソテツの葉のほか、クロニジ（クロイゲ）、アダンの葉などを日常や塩炊きのときの薪にしたという話を聞いた。

クロウメモドキ科のクロイゲ（図68）は石垣の間や石灰岩の崖などに見られる小低木であるが、沖永良部島・国頭では薪のひとつとして、特別に名前があげられるような存在だったわけである。国頭小学校の校庭には、女性が桶に海水を汲み、それを海岸の岩場に繰り返しかけることで潮水を濃くしている様を表す像が置かれているが、これは、塩を炊く際に、できるだけ燃料を節約できるよう、海水の水分を蒸発させ、塩分を濃縮するための作業を

注3 『和泊町誌』には、薪に関して「炊事用の燃料はもっぱら蘇鉄の葉や松葉、竹などでマキの使用は正月や祝事などの大きな行事の際に使用するものであったという。（中略）燃料として用いられたものの中で、砂糖きびの搾りがらは燃料としての価値は大きく、特にたいまつ（図67）などの屋外照明として重宝なものであった」と書かれている。

4.10 薪の利用から見た奄美諸島　175

図66　群生するソテツ（沖永良部島）

図67　サトウキビの搾りがらのたいまつ

図68　クロイゲ（実は未熟な状態）

表しているものである。国頭の伊池（イーダミチ）には塩炊きに関する歌碑が建てられている。

　蘇鉄　黒ニジし　塩炊ちゅぬ夜は
　　夜明群星ぬ　あがる迄む
　アダニ　黒ニジとう　蘇鉄山とみてい
　　幾鍋ぬ塩む　腕はサラチ

　この歌にうたわれる黒ニジがクロイゲ、アダニがアダンである。ソテツやクロイゲ、アダンを薪として夜なべをして塩炊きをし、腕はサルカケミカンの幹のようにざらざらになってしまった……といった歌意である。なお、2017年に国頭字地内・伊池ソテツ歌碑前で執り行われたソテツ供養祭に配布された資料（『偉大なソテツに肝心添えて・感謝祭』）に転載されている『国頭字誌』によれば、往時、ソテツの実は蘇鉄原野（スズチヤマ）で採集されたとある。このスズチヤマには、アーニジ、クルイジ、サラチ、イチュビなどの棘のある植物が覆い被さっており、ソテツの実を採集する際はたいへんだったと書かれている。塩炊きの薪に使ったクロイゲも、このような場所に生えていたのであろう。また、国頭では、先の文献にも書かれていたが、マツ林の松の落ち葉も薪として利用したという。
　なお、奄美諸島以外の島にも目を向けると、クロイゲを、製糖用の薪として重宝したという事例を、次のように、多良間島の話者から聞き取った。

　　——製糖の燃料には、ドゥッケン（クロイゲ）を使います。これはブルーベリーのような実をつけるものですが、燃えやすいから。
　　——原野にたくさんありましたね。製糖期になると、これを刈って、干しておいて。
　　——製糖工場にはけっこう刈ったものが置かれていました。

　これからすると、クロイゲは、薪としてのよい特性を持つものとして認識され、積極的に利用されていたととることができる。伊池の塩炊きの碑に、クロイゲがアダン、ソテツと併記されたのは、クロイゲが繁茂していただけ

図 69　溜め池の堤に植栽されたソテツ（沖永良部島）

でなく、性質上も薪として有用だったという点も加味されてのことなのだろう。

　沖永良部島は、大山の森林資源を利用した魚毒の利用など、高島的な自然利用も見られる。戦災の復興においても、大山の材木がおおいに役立ったという（本部 1996）。しかし、薪の利用は、サトウキビの搾りがら、ソテツやアダンの葉、マツの落ち葉など、低島的な内容が基本であった。島の北部では、薪の利用として、特別にクロイゲの名をあげているのは、奄美諸島のほかの島では見られない特徴だろう（大山周辺の集落において、木の薪がどれほど利用されていたかについては、なお、今後の検討を必要とする）。大山の森林の保全が重視されたのは、水源涵養のためであり、島の集落は、湧水地を核として発達している。なお、島の北部では森林や湧水に乏しいため、溜め池（図 69）を用水とした耕作が発達した。

　以上のように、薪の利用を軸にして奄美諸島の低島 3 島を見ていくと、低島ならではの共通点にくわえ、それぞれの島ならではの資源利用の例が見られることがわかる。

第5章　里山の自然利用

薪の集積（渡名喜島）。渡名喜島は那覇の街で使用する薪の産地であった（1960年撮影・沖縄県公文書館所蔵）。

5.1 木の実の利用から見た低島

　民族植物学を専門とする阪本寧男は、子どもたちの木の実の利用から、往時の京都近辺の里山の様子を、ユニークに紹介している（阪本 2007）。これにならい、琉球列島における、子どもたちの木の実の利用から見た里山の様子を見比べてみたい。

　先に紹介したように、池間島では、燃料、繊維などの利用のほか、アダンの実を子どもたちのおやつとして利用していた。アダンの実が熟すると、集合果はばらばらになる。そうしたばらばらの実の根元の皮には甘みがあるからである。ただ、アダンの実を口にすると、口の中やのどに不快感が残る場合もあり、島（集落）によってはアダンの実を食べることがなかったり、アダンの実を食べることがあっても、池間島のようにたくさん食べることは見られなかったりすることが多い。このような特徴のあるアダンの実を、子どもたちがもっともよく利用していた実として名をあげていることが、池間島における子どもたちの木の実利用の特徴である。なお、アダンを積極的に利用していた池間島では、実がおいしいものと、おいしくないもの（水アダンと石アダン）という区別も行っていた。アダン以外にも、池間島では、次のような木の実を、子どもたちが利用していた。

　――ヤラブ（テリハボク・図70）の実は食べたよ。バンツギー（シマグワ）はおいしい。バンツギーの中には、実が大きなヤマトバンツギーというのがあって、うちの裏にもあったよ。あと食べていたのは、ハンキマランータ（野イチゴ類）、それとヤマブドウ（エビヅル）、それとグミ。ヤマブドウは、最近、実をなかなかつけないね。フットランータ（イヌビワ）も食べたし、バンシルー（バンザクロ＝グァバ）もあった。ただ、もともと島にあったバンシルーは小さいよ。アコウギンータ（アコウの実・図71）も食べたよ（O.Y.さん）。

　なお文献には、池間島で子どもたちが口にする木の実として、「バナナ、パパイヤ、ミカン、山ブドウ（カニュウンータ）、山イチゴ（ハンキンータ）、アダン、クワの実、シマヤマヒハツ（アラウインータ）、サルカケミカ

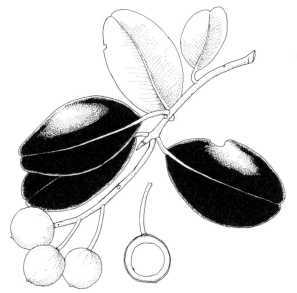

図70 テリハボク
種子が大きく、果肉はごく薄い。

ン（サルカギーヌンータ）、グミ（イキャウンータ）、イチジク（注：イヌビワのことであろう、フットランータ）」の名をあげている（野口 1972）。なお、シータとあるのは、実のことを意味している。では、このような木の実の利用は、ほかの島々と比べて一般的なのだろうか。

ただし、前章の薪の利用において、喜界島というさほど大きくはない島においても、集落ごとにどんな植物を資源としていたかに違いが見られた。そこで、琉球列島全体を見ていく前に、同じ島の中でも、アダンの実を利用していた集落と、そうではない集落が見られた、徳之島の聞き取り調査の結果について見ておくことにする。

徳之島は面積が 248.11 km^2、最高標高 644.8 m という、奄美諸島第二の大きさのある高島である。ただし、地系別面積比を見ると、石灰岩台地が 62% も占めることから、低島的環境もあわせ持っている（目崎 1985）。徳之島では、現在までに、金見、阿三、馬根、犬田布、松原、面縄、当部、母間、花徳、井之川の集落出身の話者の方々から聞き取りを行った。このうち、金見の集落での聞き取りでは、聞き取りの約束の場に出向くと、話者の

図71　アコウ
アコウは多くの島で見られるが、実を食べるという話は、そう耳にしない。

　方々がアダンの実を手にされて私を待ち受け、さっそくアダンの利用について話し始めた。このような、積極的なアダンの実の利用は、徳之島の中でも、金見においてのみ、見られたことである。また、金見では、積極的なアダンの実の利用と同時に、ばらばらになったアダンの実に、チという呼称を与えていた。これも、池間島と共通する点である。
　以下は、徳之島の金見、馬根、松原、当部の聞き取り結果である。

F1・「アダンには、おいしいものと、おいしくないものがあります。学校帰りに、これがおやつでした。おやつがない時代でしたから。（中略）ゲーマ（ギーマ・図72）の実はおやつでした」（徳之島・金見）
F2・「シイの実も拾いに行ったよ。あとはヤマムムやウム（ムベ・図73）の実も食べたし。ヤマクガ（シマサルナシ）の実も食べたし。ティカチ（シャリンバイ）の実も食べた。イチゴは3種類あったかな。一番おいしいのはワンシバリイチュン（ホウロクイチゴ）。金平糖みたいな実のイチ

5.1 木の実の利用から見た低島　183

図72　ギーマ　　　　　　　　図73　ムベ

ゴ（ナワシロイチゴ）もあったし、黄色い実のも（リュウキュウイチゴ）あったね。キャッチャビ（オオイタビ・図74）という、つるになる実もあって、あれもおいしかったよ（注：ほかにグミ類も食べたことが語られた）」（徳之島・馬根）

F3・「シイの実。あれは業者が買いもした。一升いくらで、買い集めて。シイの実はジマメみたいな味がします。干して、煎って粉にして、砂糖混ぜて、菓子型に詰めて。（中略）砂糖を入れたものはおいしいですよ。シイの実でご飯を炊いて食べたりもしましたが、これは、そんなにおいしくはありません。ドングリは食べたことがありませんね。ほかには、グミ、マシュグーマ（ギーマ）、イチュン（ホウロクイチゴなど、野イチゴ類）なんかですね。イッチャン（オオイタビ）も、昔はずいぶんあったけどね」（徳之島・松原）

F4・「シイの実を採りました。煎って食べましたが、一升いくらで、買う人がいて、シイの実を売って、学用品を買いました。山に大人と一緒に行って、シイの実拾って。不思議なことに、そのとき、ハブなんかわかりませんでした。（中略）野イチゴの実を採りました。親には、ハブが下にいるから気をつけなさいよといわれましたが。（注：同席の同郷出身者が、

図74　オオイタビ　　　　　　図75　ヤマモモ

ヤマモモ、シャリンバイ、ムベ、シマサルナシ、グミ類を食べたと発言したことを受けて）ヤマモモ（図75）はけっこう食べました」（徳之島・当部）

　金見ではアダンをよく利用していたわけであるが、これと異なり、ほかの三つの集落は、シイの利用がまず語られているのが共通点となっている。ほかにもホウロクイチゴ、シマサルナシ、ヤマモモなどがよく利用されていたことがわかる。この、金見をのぞいた3集落の木の実の利用は、高島的な木の実利用といえるだろう。
　では、ほかの島々の木の実利用についても、見てみることとする。

F5・「タブ（オオイタビ）というのがあります。おいしかったですね。伊関（西之表市）の海岸にありました。あれはおいしかった。イチジクみたいになって、中がつぶつぶになって。子どものころ、タブ採りに行こやーって。木に登って採りましたよ。小さいドヨウタブ（イヌビワ）というのもあります。（中略）イチゴはツワの葉を丸めて、その中に入れて……。葉の継ぎ目は竹で止めたんです。これを搾って飲んだりしました。そうい

5.1 木の実の利用から見た低島　185

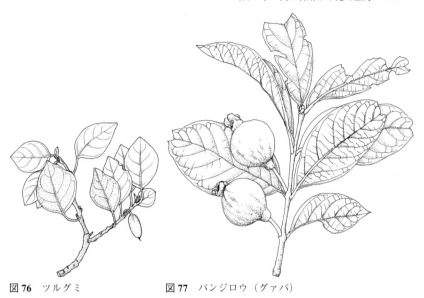

図76　ツルグミ　　　　図77　バンジロウ（グァバ）

うのが楽しみだったですから。グミも食べましたね。山はサガリグミ（ツルグミ・図76）というのがあって、海に行くと、丸くて小さいのがあっておいしかったです。クワの実は雨が降ると食べられなくなるから、よか天気の日に採って食べました。サクランボも黒くなったものを食べました。でも学校で食べると怒られて。そのころは苦みとか感じなかったですよ。今はよそからくる大きなサクランボがありますが。ヤマモモとかシイは生で食べました。シイもシイの実拾いに行こかーって」（種子島・西之表・柳原）

F6・「クワの実、イチュビ（野イチゴ類）も山にいっぱいありました。今はあまり見なくなりましたね。バンシルー（バンジロウ・図77）もありました。あと、モモといっても、小さな実をつけるものがありました。シイの実も食べました。シイの実も、最近、ならんですよ。シイの実は、シーガイといっておかゆもつくりました。ウンベ（ムベ）は川の近くに多かったです。あと、アクチ（モクタチバナ・図46）です」（奄美大島・用安）

F7・（注：複数話者）「アダンのナリ（実）は食べましたよ。ただ、あとで口のまわりがかゆくなります」「子どものころは、ガジュマルの実も食

べました。アカギのナリは竹鉄砲の玉にしましたが、色が変わったら食べたりしました。ナリものはみんな食べましたね」「クワの実とか」「ウシンフグリ（サネカズラ）も」「ウシンフグリは好物。あれは、あちこちにはないですね。バンシルーはお盆のころに熟します」「シイの木があったら、実を拾ってきて、家でフライパンで煎って食べました」（奄美大島・大笠利）

F8・「（おいしかったのは）クワの実です。クワの実はおいしいんですが、キンバエがたかるから、親は食べるなといっていました。あとギマ（ギーマ）という小さい実。それとキウィをちっちゃくしたような実（シマサルナシ）。これは山に行ったときに採って、これを米の中に入れて熟させてから食べよったですけど。アダンの実もしゃぶっていました。あれは、イガイガしますが……。それよりも、実を枯らして、中を割ると、小さいのが中から出てきますが、あれはおいしかったですね」（奄美大島・勝浦）

F9・「（シイの実のほかに食べたのは）クガ（シマサルナシ）は米に入れて、熟れさせて。あと、クワの実とか、クビ（グミ類）とか。グマ（ギーマ）も食べたよ。そんなのがおやつ」（奄美大島・久根津）

F10・「シイの実、ギマ（ギーマ）、クビ（グミ類）、ウム（ムベ）。そのころは、バンシルー（バンザクロ）も硬いうちにかじりよったもんな。アダンは食べたことがないなあ。ただ、アダンの実のばらばらになったものを割ると、中から白いのが出てくる。これは食べました。遊び半分ですが」（奄美大島・管鈍）

F11・「クルニー（クロイゲ・図68）、ヤマブドウ（エビヅル）。イチゴには2種類ありました。クワの実はちょっと食べたですかね。（アダンは）食べなかったですね」（喜界島・中里）

F12・「クワの実、野イチゴ。野イチゴのは大きいのと小さいのがあります。大きいのはウシンキンター（ホウロクイチゴ）、小さいのはアーニンキンター（ナワシロイチゴ）と呼んでいました。これも大事にして食べていましたよ。それと、クルニー（クロイゲ）も食べていました。アダンは食べたことがありません」（喜界島・志戸桶）

F13・「クロイゲはけっこう食べましたね。海岸に行くと、石垣があって、その上にいっぱい生えていました。それを摘んで、アルミのお弁当箱に入

5.1 木の実の利用から見た低島　187

図78　ヒメクマヤナギ

れて。それと野イチゴですね。ナワシロイチゴが主で、ホウロクイチゴは山の手のほうに生えていました。クワの実はあまり食べなかったです。アダンは食べたことがありません。（中略）そうそう、ツルソバの実も食べました。あんまりおいしくないけど、赤い小さい実も食べましたね（フクマンギ？）」（喜界島・上嘉鉄(かみかてつ)）

F14・「（アダンの実は）食べたことがないですね。（食べたのは）ヤマモモ、クワ、バンシロ、イチュビ……これはイチゴ類のことです。イチゴ類にはホウロクイチゴ、リュウキュウイチゴ、ナワシロイチゴといろいろあります。ギーマは食べたことがないです。ムベは食べました。あとはヒメクマヤナギ（図78）。あれはおいしい。食べると口が真っ黒くなりますが。エビヅルも食べましたが、これは方言がわかりません」（沖永良部島・知名）

F15・「クワの実、イチュビ。イチュビは何種類もあって。ターチキイチュビというのは傍目の隅にあるやつ（ナワシロイチゴ）。あとはバンシロ」（沖永良部・久志検）

F16・(注:複数話者)「クワは最高。昔はミカンもたくさん植えてあったから、ミカンも」「野イチゴ、最高」「アシクタ（クロイゲ）は食べました。ガジュマルよりも葉っぱが大きい、シチャパガ（ハマイヌビワ・図40）の実もおいしいです。ガジュマルは食べたことないですね。グミは与論にあるのかな」「ヤマブドウ（エビヅル）はちょっと食べた」「あれは最高よ」「バンジロウ（バンザクロ）は僕は今でもおいしいと思う。とくに与論に昔からあったものがおいしい。でも、今の子どもたちは食べないね。種があるもんとかいって」「バンジロウはよそからきたのはおいしくなくて、もともとあったのがおいしい」「ミカンも山ミカンといって、昔からあるのがおいしい。今の子どもは見向きもしないけど。バンジロウは、実に爪をあてて、爪の痕が残ったら、もう食べよったね」「畦道にたくさんあったし」（中略）「バンジロウには水と石があって、熟したら石のほうがおいしい。あと、バンジロウの実は、熟し方で呼び名が変わります。爪立てても痕が残らないような硬いものは、カッパチ、ちょっと熟れかかったら、サーノー、熟して落ちるのも出たら、アンクルイと呼びます。通学路の途中で、まだ熟していないのを見つけたら、枝を折り曲げて隠したり」（与論島）

F17・「イチゴの仲間はナスビと呼んでいた。5、6種類はあった。アカナスビ（リュウキュウバライチゴ）、ウプバーナスビ（ホウロクイチゴ）、ムジナスビ（ナワシロイチゴ）と。ムジナスビは小さい。これは畑の縁にあった。ウプバーナスビは葉が大きくして、実が赤い。アカナスビというのもあって、これは甘かった。実はヤマモモみたいな色。オーナスビ（リュウキュウイチゴ）というのは、戦時中、山の中で避難生活をしていたとき、これを食べて助かったという人もいる。ギーマにも種類があって、ジーギーマは地面を這っているもの（種類不詳）。ウシギーマの実は大きい（種類不詳）。それとタチギーマ（ギーマ）。クビ（グミ類）は旧の2月。田植えのころに実る。テーチギ（シャリンバイ）の実もおいしいよ。あとは、ミサー（タイミンタチバナ?）の実やワジク（モクタチバナ）というのもあった。シイの実も焼いて食べた。田んぼの少ない家は、たくさん採って乾燥させて、1年、利用しとった。シイご飯にしたり。シイメーと呼んでいたが、おいしかったよ。フガー（シマサルナシ）もおいしかったよ

ね。山にある小さな天然のカキの実も、最高においしいさ。シブギ（リュウキュウマメガキ）と呼んでいた。これも籾殻の中で熟させた。小さい集落だから、バンシルーも、薪採りや草刈りにいくときに、ほかの子に負けんうちに採りにいって。イシガチガンダ（オオイタビ）はイチジクみたいな味がした」（沖縄島・国頭村・奥）

F18・「（昔は）時期になると体が反応したわけですよ。ああ、ギーマの季節だなと。シャリンバイもギーマも実どころか、花から食べていました。実を食べるときも、熟むまで待てないんです。だから熟んだものがたまに見つかると、とてもうれしい。バンシルーも、普通は緑でまだカチカチのものを食べていたんです。バンシルーはムラのあちこちにあるわけです。子どもたちは、そのありかを全部知っていて、ひとつひとつ、実を探して歩く。ヤマモモも、木によって、どこのが水ムムで、どこのが石ムムかとわかっている。アクチャー（シシアクチ）ならアクチャーで、どこのがおいしいかと。ヤマヒハツはこのあたりではハチャグミといいますが、これもどこにあるか、ちゃんと知っていました。グミ……クービは、やっぱり一番おいしい熟れごろまで残っていないのですが、だからたまたま見つからずに残っていたものを見つけたら、ものすごくうれしいわけです。ツルソバももちろん実を食べますが、花も食べました。オオアブラガヤの実はイノシシと競争です。ちょうどウリボウが育つころ、実ができるので。アオバトとウリボウと子どもが競争で食べるものでした。子どもたちの行動範囲は、ここを中心にして、遠いところで4kmぐらい離れたところまで広がっていました。食べるということがあると、そこまで行動範囲が広がるわけです。イチゴはいろいろありました。シークイチュビはリュウキュウイチゴ、ただのイチゴといったらバライチゴ、それとナーワシロイチュビといったら、ホウロクイチゴのことです」（沖縄島・名護市・底仁屋）

F19・「野イチゴを食べましたよ。うちらは山が遠いからクービ（グミ類）はあまり食べたことがないです。ギーマも山入りしたとき、運ばれてきた葉っぱに混じっているのを食べるだけ。ヤマモモグヮーは食べました。あと、大きいモモ……キームム（在来のモモの品種）は、家庭によってあるとことないとこがあったよ。（中略）バンシルーもどの家にもありました」（沖縄島・読谷村・楚辺）

F20・「グミ(ツルグミ)とか野イチゴとか。野イチゴは今、見なくなりました。あとはバンシルーとか。クワの実は食べました。カヤ(チガヤ・図64)の若い穂も、塩をつけて食べたりしました。ガジュマルの実を食べたというのは、話には聞いたことがあります。ガジュマルをつついてガムをつくるというのはやりました」(沖縄島・南城市・小谷)

F21・「クワの実、山イチゴ、黒い実をつけるヤンボー(ヒメクマヤナギ)。それとハニブ(エビヅル)の実、これは今でも食べますよ。バンシルーも昔からありました。バンシルーも今も食べます。久高のバンシルーはおいしいから。シャリンバイも食べました」(久高島)

F22・(注:複数話者)「クバ(ビロウ)の小さいやつの根っこの芯を食べました。おいしいですよ。生でも。シマサルナシはハンキーといって、昔はお盆で仏壇に供えたことがある」「アダンの実はおいしい。そのままじゃなくて、鉈で割って、中の白い小さいとこ。そこがおいしい」「あとはクワの実とかゲーマ(ギーマ)とか」「ゲーマにはちょっと違うのもあって」「タントゥイゲーマ[注1]」「丸い実で黒くて。あと、砂浜の上のほうにカラスゲーマ(ヒメクマヤナギ)というのもありました。これはブルーベリーみたいなので、口が紫になるまで食べました」「野生野イチゴも食べました」「イチゴを採りにいって、ハブをいっぱい見たよ。イチゴの下にはハブがいっぱいいるよ。薪を採りにいったら、シイの実も食べて、ゲーマも食べて」(伊平屋島・島尻)

F23・「クバの芯を食べました。これはおいしいものですよ。田畑いったとき、親父が切っておやつがわりとくれるんです。生ですよ。ほんのり甘みがあって、水分がいっぱい入っていて。(中略)(木の実では)バンジロウを一番食べました。バンジロウは半分食料みたいなものでした。山の食べもの、全部食べましたよ。10月になったらギーマですね。これは大きいのと小さいのがありました。それと、テッチー(シャリンバイ)、シバニッケイの実。シバニッケイの実は熟すと、白い粉粉になるんですよ[注2]。無味でおいしくはないんですが、親からこれは食べられると教えられました。このほか、ナワシロイチゴ、ホウロクイチゴ、バライチゴ、

注1 『琉球列島植物方言集』(1979)によると、ギーマと呼ばれる植物には、ギーマとシャシャンボがともに含まれるとある。

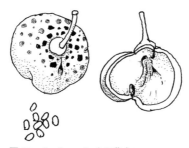

図 79　シバニッケイの菌えい
胞子の大きさは 5 μm。

それとヤマモモ。そのころは、なにがいつどこで採れるかということが、みんなわかっていました。グミはあんまりおいしくありませんでしたね。ムベも食料源です。（リュウキュウマメガキは）熟したらけっこう食べました。（中略）アダンの実も食べましたが、あれはおいしくありません。ちゃんと熟すとかなり食べれますが。それでも、おなかが絶えず減っていたので、背に腹はかえられないから食べた……というかんじです。果物でガラシゲーマ（ヒメクマヤナギ）というのは知りませんか。海岸に多くて青っぽい色をした実をつける、つるです。これ、おいしいんです。（エビヅルも）食べました。ヤマブドウと呼んでいます。けっこう多いですよ」（伊平屋島・田名）

F24・「グミが一番かな。あと、バンシルー。それとクワの実。（中略）黒く熟すのと、白っぽいけど熟しているのがあって、白っぽくても熟しているほうがおいしかったですね。クワはバンツ。（中略）（グミは）ジャウカニ。シマヤマヒハツはヤマフチャニ。サルカケ（ミカン）はサラクといいますが、食べなかったですね。あれは空気鉄砲の弾です」（来間島）

F25・「ヤラブ（テリハボク）の実は食べました。（中略）ヤラブの実はたくさん鈴なりになるが、食べるのは、黄色く熟したもの。食べるといって

注 2　シバニッケイの実は液果であるので、「熟すと粉粉になる」というのは、シバニッケイにつくられた菌えい（ゴール）を指していると考えられる（図 79）。菌えいは、果実よりも大きくふくれ、熟すると、中は胞子で満杯となり、粉状となる。ツバキの葉につくられた、もち病菌による菌えいを、子どもたちが口にする例（黒木 2015）や、メキシコでトウモロコシの黒穂病菌の菌えいを食材にする例（中村 2000）は知られているが、シバニッケイの菌えいを食用とする例は、これまで報告がなされていないのではないかと思う。

も、薄い、3-4 mm ぐらいの皮のようなところ。ここを食べました。（中略）食べられる木の実といえば、フビギといっていたグミもいっぱいあったし、イヌマキの実もおいしかった。グミは種類があります。ただし、種が大きくて、食べるところが少ない。オコンータギー（イヌビワ）も食べました。完熟したら、黒くなって柔らかくなって。サルカ（サルカケミカン）の実も食べました。これは辛いけど、種類が違って、甘いものもありました。サルカは棘のすごいのと、ないものがあります。ヤギのエサには棘のないものをあげました。この棘のないサルカが甘かった。ミーフンギ（クロイゲ）も棘のあるものですが、この実もおいしかった。熟しないと酸っぱいけれど、実が大きくてね。このフンギと似たようなもので、紫の実がつくものがあります。この紫の汁が出るのを、雄のフンギ、ビキフンギ（ヒメクマヤナギ）と呼び、クロイゲのほうを雌のフンギ、ミーフンギと呼んでいました。ビキフンギはたくさんあるところでは、枝ごと採って、お土産に持って帰るぐらいでした。（中略）食べられる実といえばクワの実も多かったですね。クワの実も何種類かあって、甘いものや、酸っぱいもの、実が細長いものなどありました。アヤウィンターギー（シマヤマヒハツ）というのもあった。フクマンギはンヌーンタギーといっていました。（エビヅルは）カネウギ。ありました。（バンジロウは）バンツケラといっていました。山にもあるけれど、いろいろと種類があるから、いいのがあると食べてから種を採って、植えました」（伊良部島・佐和田）

F26・（注：複数話者）「おやつといったら、ミードゥッケン（クロイゲ）、ビキドゥッケン（ヒメクマヤナギ）。ミーのほうがおいしい。ビキのほうは手のひらにたくさん集めてから食べて。ドゥッケンは甘酸っぱくておいしかったです。ほかに、ミカン、バンシルー」「バンシルーも実は小さかったですが、あれがおいしかった」「アダンも実をひとつずつ、抜いて食べたけど、そんなには食べていません」「僕らが子どものころはアダンの実を食べて……というのはなかった。ほかに食べたのは、野イチゴ。これは最近見なくなったので、残念。それとドゥッケン。畑に行ったら時期になったらなっているから子どもたちはこれが楽しみ。イヌマキの実もよく食べました。ナンジャギ（シマグワ）の実も食べました。ヤマスス（シマヤマヒハツ）も食べました」（多良間島）

F27・「チャーギ（イヌマキ）やクワの実とか、フートー（フトモモ）の実、それにフビル（グミ類）とかそういうものでした。シークヮーサーは、昔は野生のものはヤマフニンといって、これはほとんど中は種ばかりで、汁も少なかった。これがほんとうの原種でしょう。（中略）ブドウの原種というのもあったよ。カニフンナー（エビヅル）といってね。これが棘だらけのサルカキ（サルカケミカン）の中にかならずある。だから実を採りにくくてね。バンシルーの実も探しにいってね。バンシルーにもいろいろあるけれど、八重山の野生のバンシルーが一番おいしいと思う」（石垣島・登野城）

F28・「ヒメクマヤナギの実は、僕らも食べて、口を真っ黒くして。学校の理科の授業では、リトマス試験紙がないと、ヒメクマヤナギの実で染めた紙をかわりに使いましたよ。（中略）これが、土地改良でね。あれだけあったヒメクマヤナギがなくなってしまいました。土地改良で、畑の脇の石垣をみんな取っ払ってしまったから。ヒメクマヤナギは、そういうところに生えていたんです」（波照間島）

（盛口 2012、2015b、2016d ほか）

子どもたちの木の実の利用を見ると、大きく、低島と高島では利用する木の実が異なっているのがわかる。

高島でよく利用が見られる木の実は山地の森林に見られる植物が特徴であり、シイ（F2-7、F9、F10、F17、F22）やギーマ（F1、F3、F8-10、F17-19、F22、F23）、シマサルナシ（F2、F4、F8、F9、F17）、ムベ（F2、F4、F6、F14、F23）といったものである。また、ヤマモモやホウロクイチゴも高島的木の実利用に含まれるだろう。一方、低島でよく利用が見られる木の実は石灰岩地や海岸に見られる植物を特徴として、クロイゲ（F11-13、F16、F25、F26）やヒメクマヤナギ（F14、F21-23、F25、F26、F28）、シマヤマヒハツ（F24-26）の名をあげることができる。低島、高島のどちらでも利用が見られるものは、畑まわりなどで生育が見られる、エビヅルやナワシロイチゴ、それに植栽されるシマグワ、バンジロウといった木の実である。典型的な低島である池間島においては、アダンを筆頭にして、テリハボク、シマヤマヒハツ、サルカケミカン、ナワシロイチゴなどの木の実を子ど

もたちが利用していたが、このうち海岸林などに見られるテリハボクや、石灰岩地などに繁茂するサルカケミカンは、低島的植物といえるものの、低島でもほかに利用している島があまり見られない木の実であった。テリハボクやサルカケミカンを利用していたのは、池間島のほかには伊良部島の例（F25）を聞き取っただけである。

　池間島では、かつて子どもたちがアダンの実をよくおやつとして利用しており、そのおり「おいしい実をつけるもの」と「おいしくない実をつけるもの」を見分けていた。さらに、その違いを、「水」と「石」という呼称で区別していた。こうした「水」と「石」という区別を、ほかの木の実で行っていた例がいくつか聞き取ることができた。

　そのひとつは、バンジロウの実に「水」と「石」を区別していた例である。

　これは与論島の例（F16）で、与論島ではさらに実の熟し具合を3段階で呼び分けていた。こうした呼称の存在は、それだけ、バンジロウの実の利用度が高かったということだと考えられる。バンジロウを「水」と「石」に呼び分ける例は、ほかにも、沖縄島北部・奥でも聞き取ることができた（ただし、奥には実の熟し具合を呼び分ける呼称は存在しない）。また、沖縄島北部・底仁屋では、ヤマモモを「水」と「石」に呼び分けていた（F18）が、さらに聞き取ると、もうひとつ、「松」という分類呼称も次のように存在していたという。

　　——ヤマモモは、イシムム、ミジムム、マーチムムの三つに分けていました。マーチムムはマツの葉っぱみたいな香りがするもののことです（S.S.さん　昭和18［1943］年生まれ）。

　ヤマモモの実を、特性から「水」と「石」などに呼び分けることは、沖縄島のほかの集落からも知られているだけでなく、淡路島からも報告があり（奥井2016）、同一の木の実の特性を「水」と「石」に呼び分ける事例は、思いのほか、広い範囲で見られることのようだ。

　木の実に通じる使用例として、伊平屋島では、おやつとして、ビロウの芯を食べたという話（F22、F23）を聞き取ったが、多良間島ではビロウの花

芽を子どもたちがおやつとして利用し、さらに「水」と「石」に区別していたという話を聞き取ることができた(注3)。

多良間島では、各家庭の庭に3本ほど、ビロウが植栽されており、子どもたちは時期になるとこのビロウに登り、花芽を包丁で切り落とし、その中を生で食べたという。ただし、切り落とすのができるのは、木登りがじょうずな子に限られ、それ以外の子どもたちは、木の下で待っていた。台風で斜めに傾いたような木であれば、登ることもある程度容易だが、ヤシ科のビロウはまっすぐに伸びた幹を持つため、登ることがむずかしく、落ちてけがをする場合もあったのだそうだ。登って採ったのは、庭に植えられたビロウであったので、登る前に、その家に許可をもらって花芽を採集した。また、花芽を包む皮を裂いてつくった繊維から、丈夫な縄ができ、これは家主にお礼として渡すこともあったようだ。

——クバ（ビロウ）の木に水クバと石クバというのがあって。甘いのと苦いのがあるわけ。（花芽のところを食べるときは）木に登る人に特権があって、その人がいいところを食べる。包丁をお尻のところにさして登るわけだから危険ですよ。登れない人は木の下で待っていて、落としてくれるのを拾うわけ。これはおいしかったよ。根元のほうのとくにおいしい部分をンブスと呼んでいて、先のほうの苦い部分をンガジューラと呼んでいました。おいしいところはたとえると貝柱みたいに甘みがあって、そこが柔らかいものを水クバと呼んでいたわけ（Y.N.さん　昭和35［1960］年生

注3　ビロウを多方面に利用する島として、与那国島がある（与那国島では、これと関連するのか、シュロが栽培されていたという話を聞かない・図28）。与那国出身の話者によれば、井戸のつるべもビロウの葉でつくられていたし、旧の12月に行われるマチリと呼ばれる行事や、三十三回忌のような法事の際には、必ずビロウの芯の煮つけが振る舞われるという（安渓貴子・盛口 2011）。また、「クバ（ビロウ）の実、あれも採ってきて味噌をつくりよったよ。自分でつくったことはないけど、食べたことはある。食べたらおいしいよ。脂肪っ気がある。クバの実をそのままゆでて食べると、果肉は硬いけれど味がある。コクがあるといってもいいかな」（盛口 2013b）というように、ビロウの実も食用として利用されていた。『与那国島の植物』（1995）によると、ほかに、葉は簑、笠や扇などの材料となり、葉でつくった容器は、野外では鍋代わりとしても利用された。葉で餅を包んで蒸したクバの葉の餅は豊年祭の供物としてつくられた。さらに葉は屋根を葺くのにも利用され、葉柄の繊維は縄の材料、材は家の柱や天井板、幹をくりぬいたものは甑（こしき）など、さまざまに利用されたという。また、与那国島では葉柄が短くて棘が多く、葉が硬いものをビキクバ（雌のクバ）、棘が少なくてよく伸び、葉が柔らかいものをミークバ（雄のクバ）と呼び分けていたともある。

――あれは、おいしいのは、根っこのほう。底までえぐると最高においしい。木の上に登った人が、切って、下で待っている年少の子らに落として。下の子は、まわりの葉っぱを裂いて、縄をなって、一生懸命なった子に大きく分け前がきて。その時期には、おいしい食べものでした（M.I. さん　昭和30［1955］年生まれ）。

――食べごろのものを見つけて、木の上にあがって、切って落として。木の上にあがって落とした人が、いいところを食べることができます。ただ、クバも勝手に採って食べることはできません。クバの生えている家の人に承諾をもらう必要があります。それで、子どもたちは採った花のところを二つ割りにして、中身を食べて、皮のところは、その家のおじいにあげるわけです。その皮でおじいは縄をつくります。そのころは各家庭に3本はクバの木がありました（M.F. さん　昭和23［1948］年生まれ）。

――木に登れる人は、花芽の根っこのほうを採って食べられる。甘くてね。でも、今、やってみると、これがおいしくないね。昔はうちの屋敷にもクバが3本ぐらいあった。木の下で待っている人は、登った人が花芽の皮の部分を落とすから、それを裂いて縄にして、そのつくったでき分で、落とした花芽のおいしいところからとりわけをもらえた（G.T. さん　昭和18［1943］年生まれ）。

――（クバの花芽のところは）食べたよ。まわりの枯れ葉みたいなところは綱にして。おばあも登ったよ。木登り自慢だったし。木に登って、足で枯れ枝を蹴って落としていたから。昔はこういうことをしないと暮らせないから。そうして落とした枯れ枝を頭に載せて持って帰ってと、生活したよ（U.N. さん　昭和9［1934］年生まれ）。

　昭和9（1934）年生まれのU.N. さんの話では、ビロウの花芽採りが、薪採りのための木登りと関連して語られている[注4]。多良間島は低島であるが、集落の周囲にポーグ（包護林）と呼ばれる緑地帯がつくられている（図80）。そのため、木の薪も利用が可能だったのである。多良間島の薪事情は、村史によれば、以下のようである。

「台所で燃やす薪の多くはアラフタ（柴）であり、いろりではキダムヌ

5.1 木の実の利用から見た低島　*197*

図80　多良間島のポーグ

（木の枝や幹）であったので、粟、麦、黍、高黍、などの殻や豆づる、芋かつらなどを収穫後、乾燥させて燃料にした。また、アダンの葉、ソテツの葉、マツやフクギやヤラブの落ち葉など、燃料として使える物はさまざまであった。かまどが改良かまどに変わると燃料も変わり畑や山林で採れる枯枝では足りず薪用に松やモクマオウを植える人も多くなり、質のよい薪が燃料として十分対応できるようになった」（『多良間村史』1993）

　15世紀の多良間島の様子が、朝鮮人の漂流記よりうかがい知れる。それ

注4　燃料となる木をむやみに切り倒さないよう、多くの島で生木の伐採を禁じ、枯れ木や落枝・葉のみに、日常の薪採集を限定していた決まりがあった。座間味島の場合、昭和初期の話として、立ち枯れのほか、生木に登って枯れ枝をカタナで切り落としとしてタムン（薪）を集めたと『座間味村史（中）』(1989)にあり、多良間島でも話者の話から、同様に枯れ枝を採取するために木に登ることがあったことがわかる。なお、伊計島の場合、立木に登って枯れ枝を採取するのはかまわないとされたが、その際、刃物を使って枯れ枝を落とすのは御法度とされていたという。より資源管理にきびしかったということである。伊計島出身者の手になる手記によると、子ども時代、のこぎりや鉈の使用が禁じられていたため、子どもならではの知恵を働かせ、海岸に転がっているシャコガイの殻を割り、それを鉈代わりにして、コツン、コツンと時間をかけて枯れ枝を落としたという、石器時代を思わせるようなエピソードが紹介されている。

によると、多良間島は「材木が無いので、あるいは西表島に行って採ったり、伊良部島に行って採ったりする」と書かれている（伊波 1973）。つまり、その後、積極的な植林がなされたということになる。池間島は、かつてカツオ漁がさかんで、島には鰹節工場が建てられていたが、その焙乾用の薪には、八重山だけでなく、多良間島からも薪を船で運んだということだった（盛口・三輪 2015）。薪を他島に供給できるほどの、森林資源を保有していたことになるわけである。多良間島で、ポーグとして今に名を残している包護林は、蔡温の杣山管理制度にさかのぼる。多良間島だけでなく、沖縄島北部の奥周辺の山もホーグと呼ばれているのは、このなごりである（三輪 2011）。なお、アダンの実に「石」と「水」を区別していた池間島は、鰹節の焙乾用の薪は他島に頼り、日常の薪のほとんどを島北部にあるアダンニーと呼ばれるアダン林から得られるアダンの枯れ葉に頼っていたわけだが、このアダンニーは、1742年、宮古蔵元の役人たちの推進により造林されたものであるといわれ（平良 2002）、単純に海岸林のアダン林を開墾せずに残し、燃料源として利用していたわけではない。

　木の実の利用を見ていくことでも、このように島々の里山は低島・高島という地形・地質要因に大きく作用されながらも、人々が持続的な生活を行ううえで、島ごとに特有の資源確保の工夫——里山の景観——をつくりあげてきていたことが見て取れる。

5.2　キノコの利用

　島々の集落を訪れ、かつての植物利用について聞き取りをすると、キノコについての話題も聞き取ることができる。

　季節になれば、東北地方や長野県の市場などでは、野生のキノコが笊に盛られ、販売されている様を見る。それに対して、琉球列島の島々でそのような野生のキノコの利用を目にする機会はほとんどない。しかし、かつては、野生キノコの利用も各島で見ることができた。

　琉球列島の島々で野生のキノコ利用について見聞きする機会が少ないのは、落葉広葉樹林に比べ、常緑の照葉樹林は構成する樹木の種数が多く、その分、同一の種類のキノコが多数、発生することが少なく、有用な種類のキ

図81 リュウキュウコクタン

ノコを判別し食用とするのに困難をともなうからだろう。また、ここまで述べたように、琉球列島の島々の里山はここ数十年で大きく姿を変えてしまったために、かつて発生していたキノコが、現在、発生が見られなくなってしまったという現象も、キノコ利用を見聞きする機会が少ないことの要因となっている。

琉球列島におけるキノコ利用に関しては、木の実の利用と同様、高島的なキノコと、低島的なキノコがあると考えられるが、実際はどうであろうか。

低島である波照間島は、ほかの低島同様、燃料とする薪に苦労した島である。大正15（1926）年に生まれたO.S.さんからの聞き取りによると、製糖期の薪としては、前年のサトウキビの搾りがらと、サトウキビの葉を採っておいたものをおもに使用したという。また、お産の後には、特別に、リュウキュウコクタン（図81）の薪を利用したが（その代用として、畑の脇などに植栽されていたクロヨナが使われることもあった）、日常の薪は以下のようであったという。

——ソテツの下葉とかを使っていましたよ。雨続きで燃やすものがないと

きは、アダンの枯れ葉を燃やしたことがあります。あとは雑木ですね。バンジロウも切ってから枯らして薪にしましたし、ハテルマギリとかタイワンウオクサギとかイボタクサギとか、枯らしておいてなんでも薪にしました。高木はあっても切り倒せるものはなかったですね。高木が生えていたのは、ウガン（拝所）だけです。

(安渓・盛口 2010)

波照間島では、天水田もつくられていたが、おもな耕作地は畑であり、主食となったのは、その畑でつくられたサツマイモである。波照間島は、全体的にいえば隆起サンゴ礁からなる平坦な島であるのだが、細かな地形の起伏や土壌の性質に合わせて、細かく畑に区分名称を与えていた。たとえば、ウガリと呼ばれる小高くなった岡状のような場所は土壌が浅く、やせている。このウガリにつくられる畑は、ウガリピテーと呼ばれた。ウガリピテーは土壌が浅いため、15、16年ほど耕作をすると、地力の回復のため、10年ほど耕作をやめて藪化させ、その後、藪に火を入れて再び耕作地として利用していた。一方、やや窪んだ場所は土壌が深くなるため、地力は高い。このような場所につくられた畑は、トゥーピテー(注1)と呼ばれた。しかし、このトゥーピテーでも、一定期間耕作をしたら、地力を回復するため、耕作を休み、カヤ原にして、その後火を放つということを繰り返した。なお、このカヤ原のカヤが、屋根葺き用のカヤとして利用された。このほかにも、海岸端の砂地の畑では、夏だけサツマイモを栽培した。残りの半年は牛をつなぎ、土地

注1　ピテーというのは、畑のことである。ウガリピテーもトゥーピテーも一定年度、耕作された後は放棄され、地力の回復を待った。O.S. さんによると、ウガリピテーを放棄し、木やつるなどが茂った後、火を入れて再び畑にしたものをキヤマピテーといい、トゥーピテーを放棄してカヤ原にした後、火を入れて再び畑にしたものはアラスピテーと呼んだという（安渓・盛口 2010）。なお、『焼畑民俗文化論』（1984）によると、キヤマ（同書ではキャーマ）は「木山」の意味で、アラス（同書ではアーラス）は「新地」の意味であるという。畑だった土地を休耕し、新たに焼いて開けたところを畑とするので、「アラス（新地）」と呼んでいるわけである。同書には、その「新地」と対になっているのが、フーピテ（「古畑」）という言葉であるとも書かれており、トゥーピテーとは、このフーピテのことであると思われる。なお、同書には、波照間島の耕作地はまず、ピテヂ（畑地）とタナヂ（田地）に分けられ、さらにピテにはここに紹介したほかに、集落近くで野菜を栽培する定畑としてのハコピテ（石垣に囲まれた畑）があるとも書かれている。西表島の畑は、やはり人家近くにある、火を入れることのない「ヤーヌマールヌぱテ」と、火を入れる「アラぱテ」に分けることができ、「アラぱテ」はさらに樹林を焼く「キャンぱテ」と草地を焼く「ヤヒぱテ」に分けることができるという（安渓 2007）。

を休ませるとともに、牛の糞の供給により、地力を回復させたのである。この畑はシィバピテーと呼ばれた。さらに海岸に近く、海の砂利混じりの砂地の畑はナリサピテーと呼び、逆にトゥーピテーより内陸側の砂と粘土がちょうど混じり合った土壌の畑はメーラピテーと呼んだ。このように、土地土地の特徴を見て、使い分けや、その土地に合った地力回復策を施し、持続的な土地利用を行っていたわけである。なお、畑の境界にはソテツが植えられ、このソテツもさまざまに利用されていた。

　このように、拝所にしか高木がなく、残る土地も上記のように隅々まで利用されていた波照間島では、野生のキノコの利用など、見られなかったのではないかと思える。が、話者によると、波照間島においても、3種類のキノコ利用が見られたという。そのうちひとつは、ミングルミンと呼ばれるアラゲキクラゲである。

　琉球列島の島々の聞き取り調査の結果、アラゲキクラゲは、高島、低島にかかわらず、利用の見られたキノコである。アラゲキクラゲは、ミングルミンだけでなく、ミミグイ、ミングリャ、ミンジュー、ミンモーヤーなど、島によってさまざまな呼称で呼ばれている。なお沖永良部島・久志検では、アラゲキクラゲをミミグイと呼び、「牛と馬の食べる木に生えるものを食べなさいと教わってね。そうじゃないものは食べられない」といわれていたという。

　波照間島においては、アラゲキクラゲはアコウの枯死木によく発生し、以下のように利用されていた。

　　——ミングルミンはお盆のときの料理にも使います。あと、ミングルミンのてんぷらはウラツキテンプラといいます。これは片側はつるつるして、片側に毛が生えているでしょう。ころもをつけると、毛のあるほうにしかつかないからです。だからウラツキテンプラ。

（安渓・盛口 2010）

　波照間島で利用されていたもうひとつのキノコは、スミン（白いキノコの意味）と呼ばれる、アダンから発生するキノコである。

——スミンは開墾のためアダンを焼いて積んでおくと、梅雨時期半分腐ったようになったころにいっぱい出てきました。これは椎茸のように芳しくはないけれど、おいしいキノコです。真っ白いものと、ちょっと紅色をしたものがありましたが、両方一緒のものだと思います。採れるときは大きなモッコいっぱい採れて、乾燥させて食べました。

(安渓・盛口 2010)

　アダンに生えるこのキノコは、トキイロヒラタケと考えられる。宮古島城辺の昔の暮らしの記録に、菌類の研究者が菌類の推定同定結果を載せており、ここでは枯れたアダンに生えるアダンギーヌミムと呼んでいたキノコを、トキイロヒラタケに同定している（謝敷 2015）。
　トキイロヒラタケの利用は、上記のように宮古島でも見られたわけだが、聞き取り調査では、ほかに多良間島でも「アダンの白いキノコを食べました。もとの飛行場が火事で焼けて、焼け跡のアダンにキノコができて、それを採りにいったことがあります」という話を聞き取った。来間島においてもアダンに生える白いキノコをアダンギーミンと呼び、「開墾するため、アダンも一緒に燃えて、その後に出たキノコを採って食べたらおいしかった」という話を聞いた。伊良部島でも、同様に、アダンに生えたキノコを利用した。

——アダン場に出てくる白いキノコがあります。これがおいしい。肉と一緒に炊くと、とてもおいしいんです。アダン場が火事で焼けたりすると、その跡に出てきます。焼けた跡に、露が降りたりすると生えてきました。このキノコは、アダンギーヌミンといっていました。山火事でアダンが焼けると、まず、ヤシガニ（を採りにいきます）。その後、このキノコをねらっていきました。おいしかったですよ。

(盛口 2016d)

　また、高島の徳之島の中でも、金見はアダンをよく利用するなど、低島的な自然利用がよく見られた集落であるが、この集落においても、「アダンを焼いたときに、残った木に生える真っ白な」アダニーナバを利用したとい

う。やはり、徳之島の中では、山から少し離れた低島的環境にある犬田布でもアダニーナバの利用があった。トキイロヒラタケの利用は与那国島でも見られた。与那国島は、全体的には高島であるといえる。しかし、この島でアダンに生えるトキイロヒラタケを利用したのは、防風垣としてアダンを利用していたからだという。

——防風垣はアダンかソテツです。ソテツはソテツ、アダンはアダンと分けて植えられていた。風の強い、北側はアダン。南側はソテツとか。畑の中の小さな区分には、アダンではなくて、ソテツが使われていた。うちの畑は海に近かったから、冬場はぜったい、防風垣がないといけなかった。台風より、塩害のほうがこわいくらい。防風の時期が過ぎると、アダンの垣根は火をつけて焼いちゃうわけ。今、思うと、春先だったのかな。野焼きをすると、一雨後に、焼き跡からナバ——キノコが出てくる。これがおいしい。

(盛口 2013b)

こうして見ると、アダンに生えるトキイロヒラタケは、低島的なキノコというより、人為的な要素とかかわりあいがある(アダンがなんらかの理由で焼けた後に発生が見られる)キノコといったほうがよいのかもしれない。

このトキイロヒラタケと同じものであるかどうかはわからないが、少なくとも近縁であると考えられる、白いウスヒラタケの仲間のキノコを、徳之島、奄美大島、沖縄島で利用していた。徳之島・花徳ではカタナバ(半月型をしたキノコであるため)、奄美大島・摺勝ではカタナーバ、沖縄島・奥ではアサグルナバ(アサグルと呼ばれるフカノキなど、柔らかい木から発生するため)と呼ばれていたものである(図82)。これらは、森の中に自然に生えるものを利用していたという点が、アダンに発生するトキイロヒラタケの利用と異なっている点である。

波照間島で利用されていた残るひとつのキノコは、コウズミンと呼ばれるキノコである。話者によれば、柄がなく、小さめで硬いキノコであるという。これらの特徴から判断すると、スエヒロタケではないかと思われる(図83)。スエヒロタケは那覇などの都市部でも発生が確認できるキノコであ

図 82　ウスヒラタケ類（上）とアンズタケ（下）

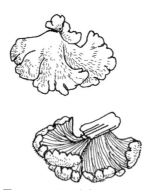

図 83　スエヒロタケ

り、森の見られない低島でも発生しうるキノコである。ただし、日本国内で、スエヒロタケを食用としている地域はほとんどないのではないかと思われ、このようなキノコを利用しているのは、かなり特異的なことといえる。

　——あれは味がある。なにも食べるものがないとき、コウズミンは硬いでしょう。まず水に浸けて、そうするとうまみが出てきます。スミンより

も、ずっとうまみはあります。ただ、コウズミンは腹の足しになるように集めるのがたいへんです。畑に行ってなにも食べるものがなかったらコウズミンを食べようかと、そんなことを父がいっていました。

（安渓・盛口 2010）

同じ低島であっても、喜界島の場合は、マツ林に生えるシムジ（またはシムィジ）と呼ばれるキノコを利用したという。材や薪用にマツが植栽されていたのである（現在は、マツ枯れによって、このマツ林も姿を消してしまっているところが多い）。喜界島でシムジと呼ぶのは、ハツタケであり、ハツタケは、マツ林がある島では、低島、高島に限らず、利用が見られた。同様に、低島である来間島の話者は、キノコといえば、アダンギーミン（トキイロヒラタケ）とマツギーミン（ハツタケ）しか聞いたことがないという話をしてくれた。以下に、各島におけるハツタケに関する聞き取りを紹介する[注2]。

　——シムジといっていたけど、ハツタケを採って食べました。いっぱいあったから。正月前に採って（喜界島・川嶺）。
　——マツの大木の根元の地面に生える、シメジといっていたキノコ（ハツタケ）があります。ちょっと赤っぽい色をしています（奄美大島・大笠利）。
　——これは、そんなにはありません。見つけたら躍り上がります（奄美大島・大笠利）。
　——マツタケ（ハツタケ）はありました。マツ林がいっぱいあるから。マツナーバと呼んでいました（徳之島・犬田布）。
　——（野生のキノコには）マツナーバ（ハツタケ）もあります。自然のものです。寒いときに出るキノコでおいしいです（徳之島・金見）。
　——マチナーバ（ハツタケ）といって、マツの木の下の、地面に生えるキノコがあります。これは焼いて食べました。牛の草刈りに行くとき、塩を持って行って、その場で焼いて食べました。煮るよりも、焼いて食べまし

注2　『和泊町誌』（1974）によると、沖永良部島においても、シミジと呼ばれるハツタケが松林に発生し、利用されていたが、それは昭和30年代初期までの話であったとある。

たよ（徳之島・松原）。

――マチナバ（ハツタケ）は焼いて塩をつけて食べた。今、こんなして食べてもおいしくはないと思う。マチナバは、鍋で湯を沸かしておいて、すぐに入れたら、長持ちするらしい。マチナバは大根を煮るときのだしにもしよった。それは、最高（沖縄島・奥）。

――このあたりでは、マツの木の下に生えるキノコとかを採りに行きましたよ。シメジみたいなキノコです。なんと呼んだかな？ シメジナーバ（ハツタケ）と呼んでいました（沖縄島・沖縄市・知花）。

――伊良部島では、マツの木の下に生えたマツタケというキノコ（ハツタケ）がありました。マツの木が茂って、下に草がぜんぜんなくて土が相当見えるようなところで、雨が降った後に出ます。本土のマツタケのように裂けることがなくて、ボロボロと崩れてしまうようなキノコですが、炊いたらおいしい。このキノコのことは、マツギヌミンといいました。これは茶色か、黄色っぽいような感じのキノコです。これとは別に、黒っぽいのがありました。これがおいしかったです。とろみがあって。これはクローミンと呼んでいました[注3]（伊良部島・佐和田）。

高島だからといって、利用する野生キノコの種類が多いとは限らない。沖縄島・奥で利用するキノコは、マチナバ（ハツタケ）、アサグルナバ（ヒラタケ類）、ミミグイ（アラゲキクラゲ）にくわえ、チヌク（シイタケ）の計4種であり（盛口 2012）、波照間島よりも1種多い野生キノコを利用しているにすぎない。また、奄美大島・摺勝でも、アラゲキクラゲ、シイタケ（ナバと呼ぶという）のほか、カタナバ（ウスヒラタケ類）の計3種を利用していただけである。ただし、カビの生えたシイタケに塩をくわえ発酵させ、醤油のような加工品にして利用するという、特異な利用が行われていた（三輪・盛口 2011）。

ただ、高島の中には、多くのキノコ類を利用していた集落も、少数ながら存在している。たとえば、久米島・仲地におけるキノコ利用は次のようであ

注3 宮古島・城辺では、ハツタケのほかに、やはりマツ林に生えるチチアワタケをボーズミムと呼んで食用として利用した（謝敷 2015）ということなので、伊良部島でクローミンと呼ぶキノコや、徳之島でクルボーナーバと呼ぶキノコもチチアワタケかもしれない。

る。

——ミミグイ（アラゲキクラゲ）はそんなに採りませんでしたよ。一番（利用するキノコ）は、キィーロナーバ（アンズタケ・図82）、黄色いキノコです。きれいですよ。これは山の中で、横にならんで生える。生える期間が長くて、4月から6月ぐらいまで生える。あとシイの木の下に生えるシィージナーバ（和名不詳）というのがあるよ。真っ白なキノコで、いくつも出るから、採れるときは、笊一杯になるわけ。採ってきたら、ゆがいて冷凍しておいて。ソテツの粉のジューシーに入れてもおいしかったよ。これは旧の5月ごろに出る。それから同じキノコでも、出る時期が違うものがある。カーチーのころに出るときはカーチーナーバ（和名不詳）と呼んでいて、白露のころに出るときはシチガチナーバと呼ぶさ。これ、おいしい。このキノコは裏山のカシの木が生えているあたりに出るが、生えるところにしか生えない。昔は海に行って、アーサーを採ったりしたが、その行きながら、途中のマツ林でマツタケ（ハツタケ）採ったり、クルボーナーバ（チチアワタケ？[注3]）採ったりもしたよ。マツタケは、マーチナーバ。茶色いキノコで、これもおいしかった。クルボーナーバもマツのところに生えるキノコ。青みがかっていて、これは肉みたいにおいしかった。1日ナーバで、これは1日でダメになるキノコ（M.M.さん）。

(盛口 2013b)

以上の話をまとめると、久米島・仲地で食用とされていたキノコは、ミミグイ、キィーロナーバ、シィージナーバ（シイジャナーバと呼ぶ話者もいた）、カーチーナーバ、マーチナーバ、クルボーナーバの計6種ということになる。また、別の話者からは、「毒キノコもあります。ワライナーバ（和名不詳）というのがあって、これをまちがえて食べると、口のあたりが麻痺します。すると、笑う表情になってね。本人は苦しいけれど、笑い顔をしています。食べた人が道を歩いていると、あれ、ワライナーバを食べたなといわれて。よくありましたよ」という話もうかがった（盛口 2015c）。

なお、アンズタケを食用としているのは、琉球列島では今のところほかに、奄美大島の久根津でのみ聞き取っている。久根津ではキーナバと呼び、

炒めて食べたということだが、近隣の集落である篠川では、アンズタケは利用されていなかったといい、野生キノコの利用は、発生環境にくわえ、ごく狭い範囲でのみで共有する食文化に左右されるという要素があるようだ。

　もう１カ所、多くの種類のキノコ利用が見られたのは、徳之島・花徳である。

　　――キクラゲ、椎茸、それから木に生える白いキノコのカタナーバ（ウスヒラタケ類）。それと土に生えるのは、ケブシナーバ[注4]。これは煙のキノコという意味です。大きくなったら、煙をふきます。あと、中華料理に合いそうな、ジンダグ（和名不詳）というキノコもあります。これは畑に丸っこいものが出ているというもので、食べるとこりこりします。シメジみたいなキノコ（和名不詳）もありました（R.M. さん　昭和8［1933］年生まれ）。

　　　　　　　　　　　　　　　　　　　　　　　　　（盛口　2016b）

　花徳でも、合計6種のキノコが利用されていたことになる。なお、花徳では利用していた話を聞かなかったが、隣の母間出身の話者によれば、マチナバ（ハツタケ）とマツタケ（ニセマツタケ）を利用していたという。ニセマツタケはシバカブラとも呼ばれ、マツではなく、シイの木の下から発生する。発生期は10月10日ごろ（盛口　2016b）。ニセマツタケは、徳之島・馬根ではミチシキャナバと呼んでいる。徳之島・阿三でもニセマツタケをミチシキャナバと呼び、発生地は人には教えず、自分の子どもにも死ぬときにしか教えないといった話を聞き取った。ニセマツタケは宮崎などでも利用されているが、全国的に見るとこのキノコをさかんに食べるところはそう多くない（黒木　2015）。

　琉球列島において利用されていたキノコの種類数は、全体的にいえば、それほど多いとはいえない。しかし、島ごとに特有のキノコの名称や利用や、

注4　話者が聞き取りの最中に、野外に出て、ケブシナーバを採集してきてくれた。これを見ると、ケブシナーバはコツブタケである。ただし、コツブタケは、一般には食用とされることのないキノコである。コツブタケを食用として利用していたかどうかは、もう少し慎重に判断したい。また、聞き取りが十分でなく、コツブタケを食用としていた場合でも、どのように調理したか明らかでないため、今後なお、詳細を聞き取る必要があると考えている。

利用方法が見られた。その中には、アダンに生えるキノコといった、南島ならではのキノコ利用も存在した。石垣島白保では、食用として利用したのは、ミングル（アラゲキクラゲ）とナーバ（オオシロアリタケ）であったということだが、タイワンシロアリの菌園から発生するオオシロアリタケの食用利用も南島ならではのキノコ利用といえるだろう。このほかにも、琉球列島では、スエヒロタケの利用など、全国的に見てめずらしいキノコの利用もまたあった。しかし、里山の環境が大きく変わった琉球列島の島々では、かつてのキノコ利用は、現在ほとんど見られることがなくなってしまっている(注5)。

注5 琉球列島の島々では、キノコ利用だけでなく、山菜の利用もあまり見られない。奄美大島ではツワブキ、沖縄島北部ではクサギの新芽、八重山諸島ではヤエヤマオオタニワタリの新芽などがおもなものであり、もともとは、本土で山菜としてよく利用されるタラノキの新芽の利用も見られなかった。ただ、琉球列島の島々で、よく利用されたものに、陸生のシアノバクテリアであるイシクラゲがある。雨が降ると、ゼラチン状の不定塊となるイシクラゲを採取して食用とした話を、以下のように、各島で聞き取った。また、イシクラゲの呼称は、琉球列島の島々を通して、かなり多様となっている。

　――ハトサ（イシクラゲ）もよく、地べたに生えよった。
　――雨が降った後にふくらむから、アメノコともいうよ（奄美大島・大笠利）。
　――ムタヌイ（イシクラゲ）といいます。採ると、芝の葉っぱがついているから、泉で洗って。年に1回ぐらいは食べるようにしています。今はもう、なかなか採れませんが。そこいらのは薬剤まいているから。ムタヌイはニンジンと油で炒めて食べたりします。ムタヌイは脚気にいいといいます。春にアーサーを採りにいったついでにこれも採って、サクナ（ボタンボウフウ）も採って、一石二鳥と（喜界島・志戸桶）。
　――ダングイ（イシクラゲ）といいます。きれいに洗って、油炒めをして食べました。
　――牛をつないでいるところではなくて、牛の歩かないところの、きれいなところのを採ってきて食べました。
　――海岸のツキイゲの中に生えているダングイはきれいだから、そこのを採って、海で洗って食べて……（徳之島・金見）。
　――ハテオーサ（イシクラゲ）はあまり食べないですね。あれを食べたのは、戦時中かな。空腹を満たすために。あんまりおいしいものじゃないから（徳之島・松原）。
　――花徳ではハテオサ（イシクラゲ）と呼んでいました。海岸端にいっぱいあって、食べた。
　――食えるということは聞いたけれど、食べたことはないです（徳之島・花徳）。
　――トーオーサー（イシクラゲ）といった（沖永良部島・久志検）。
　――昔食べたそうです。僕は食べたことがないけど、じいちゃんたちから聞いた話で、食料がないときには、これとか、クサギとかも食べられると。
　――ヤマオーサー（イシクラゲ）は脂で炒めればおいしかったです。歯ごたえがあって。今でも採って食べたいなあ。いつか食べてみたいですね（与論島）。
　――モーアーサー（イシクラゲ）といわんかな。畑の雑草なんかの中に広がってて。雨降るとふやけてから。これを土を採らんように、ていねいに採った。これは脇役ですよ。トーフヌカシー

5.3 タニシ・ドジョウの利用

　明治期に記録された、琉球王国時代の旧慣についての調査（明治18［1885］年の沖縄県旧慣間切内法の調査）には、水田漁労に関する禁令が含まれている（小野 1932）。すなわち、米の収穫に差し障りがあると禁令が出されるほど、田んぼでの漁労が行われていたわけであり、自給自足的な生活

　　（おから）と混ぜて、そういうふうに食べていたはず（沖縄島・沖縄市・知花）。
　　――ヌゥーズ（イシクラゲ）といっていました。雨が降るとふくらんでいきます。昔は野原で大便をしたものです。ヌゥーズを腹いっぱい食べて、野原で"大"をするとでしょう。そうすると"大"のほかのところは流されても、ヌゥーズだけは流されずに残って、しかもそれが生えて大きくなるんです。"大"をやった人は、自分がどこでやったかを覚えていますから、もちろん採りませんが、知らない人は採っていったりするんですよ。だから、あれは炊いても死にません。なんでそんなものを食べるかというと、胃袋を掃除してくれるんです。こんにゃくみたいなもので、そういうのが体にいいというわけです（伊良部島・佐和田）。
　　――ヌズゥ（イシクラゲ）といいます。子どもが生まれたときのお祝いに使います。ご飯、山盛りと、ヌズゥのおつゆを本家に持っていって、神様に供えて。ヌズゥの汁にはアズキも一緒に炊いて（来間島）。
　　――ヌールジュー（イシクラゲ）は、雨の日によく採りにいったよ。洗って、そのままでもよく食べた。
　　――ヌールジューね。食べました。あれは洗ってね、クロマメを炊いて、一緒に味噌味でよく食べたね。脚気の薬とか聞きましたよ（多良間島）。
　　――ジーフクラー（イシクラゲ）はよう食べた。チャンプルーとか味噌汁にも入れた。おいしいよ。あれは自然に生えるもの。庭にもできるよ。ただ、食べる用に採るのなら、今は場所を選ばんと。海に入らん手前の草むらによく出るよ（石垣島・白保）。
　　――あれはジフクラ（イシクラゲ）といいます。ジフクラは食べものがないときの食材です。ユイをしたとき、野菜がないと、これをキレイに洗って具のかわりにしたりしました。ただ味はありませんから、魚のだしとかがないとおいしくはありません。粟の飯に細かく砕いたものを入れて炊き増しにもしました。これ子どもの時分から栄養がないものに思えましたね。ですから炊き増しの材料です。おつゆとかチャンプルーにも混ぜました。水で戻してキレイにするには、けっこう手間がかかります。戦時中、ジフクラを採って、乾燥して、供出するようにという命令があって、採って俵に詰めて、石垣の旅団本部に送りましたよ。供出したのは、これとアダンの芯です。キレイに細く、長く切って、ゆでて干したものを供出しなさいと。昭和19（1944）年のことです。（中略）私の姉が台湾にいましたが、脚気にかかって、医者に見せたら、自分の島に生えているものが薬と聞いて、母がジフクラを送ったということがありますよ。でもはたして効いたかどうかはわかりませんが（波照間島）。
　　――ハタギドゥー（イシクラゲ）というのは、畑のお粥という意味。けっこうおいしいのよ。砂や土を取るのがたいへんだけど。キレイに洗ってから、ラードで炒めて、ニラを入れて、塩で味付け。あとはおつゆに入れたりね。こんなふうに炒めるか、味噌汁に入れるのがほとんどだけど、ボロボロジューシーに入れることもあった。炒めて食べるのが、一番多かったわね。アーサーみたいに、余ったものは干して保存ができるし。終戦直後までは食べたから。今は農薬をまくからねぇ。昔は運動場や畑の畦から採ってきてね。ニラのかわりにノビルを入れたり（与那国島・祖納）。

5.3 タニシ・ドジョウの利用　211

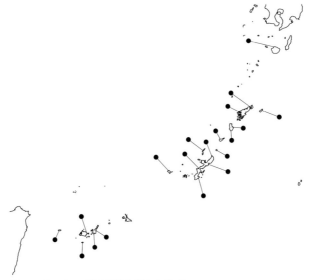

図84　タニシの利用が聞き取れた地点

がなされていた時代、田んぼはたんに米を生産する場だけとして存在したわけではなく、複合的な意味を持っていたということになる。こうした水田漁労の例として、西表島においては、ウナギ、フナ、カダヤシ、タニシ、エビ類などがおもな漁獲物となっていたことが報告されている（安室 1998）。

　ところが、すでに述べたように、琉球列島の里山からは、1960年代以降、急速に田んぼが減少していった。そして田んぼの消失は、これら田んぼにすまう魚介をも消失させることになった。聞き取り調査から、琉球列島の田んぼの存在した各島において、かつてタニシ（マルタニシ）が生息し、食用としても利用されていたことがわかった（図84）が、現在、マルタニシは沖縄県において、レッドデータブックに記載されるまでに減少している。かつて生息が確認されていた与那国島・石垣島・西表島などでは、近年の調査では生息が確認されておらず、現在、確実な分布とされるのは沖縄島北部と久米島とされる（『改訂　沖縄県の絶滅のおそれのある野生生物　第3版　動物編』）。同様に、かつて田んぼ周辺に見られたドジョウ類も危機的な状況にあり、屋久島ではすでに絶滅したと考えられている（鹿野ほか 2012）。琉球列島の島々では、在来のドジョウがいた島と、いない島があることが判明し

図 85　ヒョウモンドジョウ（沖縄島産）

つつあるが（中島 2017）、在来ドジョウの有無にかかわらず、ドジョウが移入されたり、移入または在来ドジョウが絶滅したりと複雑な状況が存在し、まだ琉球列島の在来ドジョウの全容は明らかにされていない。

　現在、琉球列島のうち奄美諸島（奄美大島、喜界島、徳之島、沖永良部島）と西表島から、シノビドジョウと命名された奄美諸島固有種と考えられるドジョウ（西表島産のものは、奄美諸島からの移入種の可能性があるとされている）と、沖縄島、石垣島、与那国島からヒョウモンドジョウ（図85）と命名されたドジョウ（台湾にも類似したものが見られ、いずれかの産地のものは人為的な移入分布ではないかと考えられている）が分布していることがわかっている（中島 2017）。ただし、現状においては、すでにこれらのドジョウが見られなくなった島や、ごく少数が限られた水域でしか見られなくなっている島が多い。たとえば奄美大島においては、江戸時代末期に島に流された名越左源太が著した『南島雑話2』(1984)の中にもドジョウがデコミという方言名とともに紹介されている。また、以下にあげたように、聞き取り調査の結果においても、ドジョウがかつて田んぼ周辺で見られたことが複数の集落において聞き取れている（G2-7）。しかし、その一方で、現在、ドジョウが生息しているという情報は、まったく聞き取ることができなかった。なお、聞き取り調査からは、奄美諸島の与論島にもドジョウが生息していたことがわかったが（G20）、分布からシノビドジョウの可能性はあるものの、これまでのところ与論島産のドジョウの標本は存在が認められておらず、現在、生息も確認できていない（中島淳氏私信）ため、与論島産のドジョウがなんという種類であったかは、不明である。沖縄島からは、ヒョウモンドジョウが確認されている（中島 2017）が、聞き取り調査においては、ドジョウの生息に関する情報を得られなかった（G21-23）。これは、沖縄島のヒョウモンドジョウが、もともと局所的にしか生息していなかった可

能性があることを示している。

　以下に、タニシ、ドジョウを中心とした田んぼの魚介類の利用についての聞き取りの結果を紹介する。

G1・「ウナギはいたんですよ。あと、ラクマがよくいたりしました。ラクマは普通のエビよりも、手が大きいエビです。これは、おいしい。田んぼのミナ（巻貝）も、大きなものがいました。田んぼのミナは食べたことはないな。今は見らんとなー」（屋久島・永田）

G2・「（田んぼには）ドジョウ、カエル、フナ、エビ、タニシといました。ドジョウを食べましたよ。水に泳がせて、泥を吐かせて。焼いて食べました。（呼び名は）ジョジョですね。フナも食べました。フナは川に多かったですが。フナには、金魚のようなフナと普通のフナがおったですね」（奄美大島・用安）

G3・（複数話者）「（ドジョウは）食べよったですよ。おいしかったです。田植え前に鍬で耕すと出てくるので、それを捕るのに夢中になって。どろんこになって捕りました。川ではウナギとかカニとかも捕れました。サンショの木をたたいて、酔っ払わせて捕りました。今は田んぼもなくなって、ウナギもいなくなりました」「タニシも食べよった。タニシはターンニャと呼んでいました」「川にはタナガーもいて。サイと呼んでいた小さいエビもいました」（奄美大島・大笠利）

G4・「ドジョウはわざわざ食べることはしませんでした。タニシは食べましたけど」（奄美大島・勝浦）

G5・「ドジョウはあんまりいなかったし、食べたことはなかったね。けっきょく、ウナギがいたからね」（奄美大島・蘇刈）

G6・「田んぼをつくっていたのは集落内ではごく限られた人ですね。私の小さなころは、うちでも田んぼをつくっていましたが、二畝ぐらいのものでした。タニシもドジョウも子どものころはいました。代掻きをやってならす。そうすると、夜、ウナギが田んぼの表面を這っていて、それをカンテラつけて捕りに行きました。（中略）ここら辺の人はドジョウを食べることはなかったですね。私なども食べた記憶はないですね」（奄美大島・手安）

G7・「ドジョウもいっぱいいましたが、あんまり食べていないようですね。今考えると、川にはシラスウナギもたくさんおったですよ。マガン（モクズガニ）もいっぱいおったですよ。サイという、エビのちっちゃいのもおって」（奄美大島・篠川）

G8・「タニシは丸いのと細いのがいて、食べましたね。ドジョウもいましたけど、ドジョウは食べませんでした。ウナギもいました」（喜界島・志戸桶）

G9・「ドジョウはいましたが、食べるとかそういうのはないですね」（喜界島・先山）

G10・「ドジョウはいました。ここではドジョウは食べません。このドジョウがいなくなってしまって。メダカもいなくなって。（中略）昔はメダカ、いっぱいいましたよ。ドジョウは今、生き残っていないかと思うんだけど。あちこち、溜め池があるから。ドジョウ、4、5年前に見たことがあるという人がいたけど。ドジョウがいなくなった原因がわからない。中学ぐらいまでは、溜め池でドジョウを捕って遊びましたよ。夏、水が減るから。一升瓶にドジョウを入れて。食べないから、遊びです。これ、鮮明に覚えています」（喜界島・川嶺）

G11・「タニシもおりましたね、戦後になって、ジャンボなタニシが入りましたけど、昔のタニシは小さいものです。（タニシは）普通に煮て食べました。ドジョウも食べました。ドジョウはヤートユーといいます」（徳之島・松原）

G12・「タニシはおいしいもの。ウイバルに田植えに行くでしょう。そこにはたくさんいたから、ザルに捕ったタニシを入れて持って帰って、それを殻のままゆがいて、竹串で身を出して、野菜炒めとかして食べました。味噌、塩、砂糖で味付けて。おいしかったよ。ドジョウは、田植えのときに捕ってきて。泳いでいるのをすくってね。それを串に刺して、たき火で焼いて塩を振ったら、おいしいご馳走」（徳之島・面縄）

G13・（複数話者）「ドジョウを食べました。味噌汁に入れたり。ドジョウは贅沢な食べものだから、囲炉裏があったので、串に何匹もドジョウを刺して、これを囲炉裏のまわりに立てて焼きました。ドジョウはご馳走。でも、泥抜きをしたことはありません」「（ドジョウは）ヤマトユーといいま

した。ドジョウもタニシもたくさんいましたよ」(徳之島・当部)

G14・(複数話者)「ターユ(ドジョウ)を食べたよ。田んぼで捕って、水に浸けて泥を出して、串を刺して、焼いて。あれおいしいよ」「タンニャ(タニシ)は腎臓の薬といって。ゆがいてニラなんかと炒めるとおいしいよ」(徳之島・阿三)

G15・(複数話者)「田んぼといったら、話したいことがあります。収穫が終わったら、先輩のおばさんが、ドジョウを捕って、お湯をかけて、竹串に刺して、囲炉裏で焼いて……これが一番の思い出」「水に入れたところにお湯をかけて、ぬるぬるを取るわけ」「お湯の加減を見ないと、肉まで取れてしまうから、ぬるま湯です。それを竹串に刺して焼いて。売る人もいました。女の人の仕事だから、笊を持っていって、足でドジョウを追い込んで捕って」「稲刈りの後の田んぼの足跡の窪みにドジョウがおったり」「(ドジョウは)ターユ。昔は、朝早く、まだ田んぼの水が濁る前に行ったら、タンニャ(タニシ)がいっぱいて、あれおいしかったね」「タンニャは南風が吹くといっぱいいたよ」「タンニャにも2種類いて、普通のタンニャのほかに、ブータンニャというのがいて、海にいるアワビみたいなので、草にひっついておった」「フナも食べた。ウナギもいた」(徳之島・馬根)

G16・「タニシはいました。2種類いて、大きいのがマーダンミャ、小さいのがターンミャ。よく食べたのはマーダンミャのほうです。ドジョウもいました。フナもいました。ウナギもカニもいっぱいおったけど。カエルもイナゴもいっぱいおって。ドジョウは食べよったですよ。イネを刈った後、人の足型が田んぼにあって、そこは少し深くなっています。ドジョウが潜んでいる足型は、水が濁っているので、そこを手ですくってドジョウを捕りました」(徳之島・花徳)

G17・「(ドジョウは)食べた記憶がありません。昔はフナもいましたし、トウギョもいました。トウギョも絶滅状態になりましたが。(中略)タニシは食べよったですね。今はタニシのかわりにジャンボタニシがいます。モクズガニもいて、ヤマ(わな)を仕掛けて捕りました。昔はカエルもヘビも今より多かったです。アオダイショウは中学のときに見たことがあるけれど、それ以来、見ていません。ガラスヒバァは今でも見ることがあり

ます」(沖永良部島・知名)

G18・「(ドジョウは) 食べた。(名前は) ドジョウとしか覚えていない[注1]。あと、トウギョもいたね」(沖永良部島・久志検)

G19・「ドジョウはゆがいて、塩味とかで、食べていたよ。ドジョウは水がないときは泥の中に潜っていて、泥の上に口が開いているから、それを目印にすくって捕ってね。こういうのは、子どものころ、兄ちゃんから教わった」(沖永良部島・国頭)

G20・(複数話者)「ドジョウはいたけど、食べません。海釣りのエサです」「僕らは食べましたよ。焼いて食べたり。ただ、食べるといっても、わざわざそのために捕って食べるというより、あったときに食べるというぐらいのものでしたが。ドジョウは、ジジョウと呼んでいました。釣りの餌にもしましたから。中学のころ、ドジョウを捕って帰ると、親父が釣りの餌になるといって喜びました。そのドジョウも釣って捕ったりしました」「ドジョウを釣るのはやったことがありません。僕らは笊に牛の糞を入れて水に入れると、その水の中にいっぱい入ってくるからそれをすくって捕りました」「フナは食べましたけど、ドジョウを食べるというのはあんまりなかったですね。泥臭いから」「ドジョウを腫れ薬にしなかった? 二つに割って、腫れたところに生のまま貼って」「やりました。昔はよくニブトといって、腫れものができたから。(中略) ドジョウのほうが (オオバコの葉よりも) 効果があって、ドジョウのほうが早めに膿が出よったですよ」(与論島)

G21・「ドジョウはいませんでした。いたのは、メダカ、トウギョ、ターイユ (フナ) ですね。メダカも手ですくい上げられるほどいましたよ。ミズカマキリもいっぱいいて。ターイユはここには少なかったので、有銘の田んぼにいっぱいいたので、そこに捕りに行きました。母が偏頭痛もちで、そういうのに効くというので」(沖縄島・名護市・底仁屋)

G22・「(タニシは) いました。食べていましたよ。これはシンジグスリ (煎じ薬) です。食糧難の時代はもちろん食べものにしました。(フナも) シンジグスリですが、ほんとうに効いたかはわかりませんが。(中略) (ド

注1 『和泊町誌』(1974) には、ドジョウの方言名として、ジイジョウの名をあげている。

ジョウは）記憶にないですね。少なくとも、食べた記憶はありません」（沖縄島・浦添市・港川）

G23・（複数話者）「ターイユ（フナ）は、田んぼだけではなくて、川にもいて、そういうところのは、堰き止めてからササ（魚毒）を入れて捕ったりしました。それを病のある人のうちに持っていくとか、熱のあるときに煎じて飲むとか。ターイユはシンジムンです」「タンナ（タニシ）もいっぱいいましたよ。けっこう食べました。塩だけの味付けでね」（沖縄島・沖縄市・知花）

G24・「タンナはおいしかった。カエルは腹の中を出して、そのまま炒めました。グスグスしてうまい。夏休み、子どもはカエルを捕りに行って、捕ったら草の茎に刺して、それが3本ぐらいになったら、川に行って、腹の中を出して。骨も皮もついたままですが、見かけによらずうまい。（中略）フナも焼いて食べます。腹も出さずに。生臭いけれど、食べものがないころだったから」（久米島・仲地）

G25・「ヒル。これが一番こわかった。これだけはこわい。『いる？　いない？』と確認してから田んぼの中に入ったよ。気がつくと、黒くして下がっているわけ。でも、今はこんな話、しないさ。除草剤でいなくなったかね。（中略）昔の田んぼにはドジョウやフナもいたよ。子どもが熱が出たら、フナを捕ってきて、薬がないから、これを炊いて薬にして」（石垣島・白保）

G26・「カエルはヌマガエルとヒメアマガエルがいました。稲刈りの後はカエルを捕まえて、焼いて食べました。（中略）タニシもいっぱいいましたから、捕ってきて食べました。捕ってきて、水がめにしばらく入れておくこともありました。タニシだけでなくモノアラガイや小さく平たく巻いた貝もいました。ゲンゴロウやガムシ、マツモムシ、タガメ、タイコウチもおりましたよ。子どものころは楽しかったですね。子どものころはゲンゴロウとガムシは同じものだと思ってたですが、カエルの脚を使って釣りをしましたよ。1回で10匹も捕れて。捕っても食べたりはしません。ただ釣る楽しみです。ウナギもおりましたよ。（中略）フナはいませんでしたが、ずっと後で、池をつくってフナを離したということはありました」（波照間島）

G27・「田んぼも、タニシ以外に、ンビナガという貝（カワニナ類）がいて、食べました。これは細長い貝で尻長という意味。あとは、フナやドジョウも捕まえたし。（中略）ドゥル（タウナギ）もよく捕った。ドゥルは、イネを刈った後の田んぼに入って捕って食べた。揚げる油がないから、マース煮（塩煮）にしてね。フナは薬にしたり。ドジョウは自分で捕ってきて食べました。マース煮にして。マース煮は、塩っ辛く炊くわけ。そうすると、経済。おつゆと違って、塩煮みたいなかんじかな。イネを刈った後、田んぼでイネの株の根元とかを手でさぐると、いるのがわかります。畦の下の穴にも手を入れて捕りました」（与那国島・祖納）

（盛口 2015b、2015c、2016b、安渓・盛口 2010、盛口ほか 2017b ほか）

　聞き取り調査の結果からは、奄美諸島の主要5島（奄美大島、喜界島、徳之島、沖永良部島、与論島）から、すべてドジョウが生息していたという話を聞き取れた。興味深いのは、同じようにドジョウが見られた島でも、ドジョウを食用として利用する島と、利用しない島があることである。奄美諸島のうち、喜界島では今のところ、ドジョウを食用にしたという話を聞いていない（G8-10）。奄美大島の場合は、北部の笠利ではドジョウの食用利用が見られたが（G2、G3）、南部の瀬戸内ではドジョウは食用にしないという話だった（G4-7）。一方、徳之島では全体的にさかんにドジョウを食用利用していたことがわかった（G11-16）が、集落によって利用度に差があり、とくに山間部に位置する馬根において、際立った利用が見られ、聞き取り時にはこちらから質問をする以前に「田んぼのあったころの自然利用なら、ドジョウの話を聞いてほしい」といった具合であった（G15）。この徳之島の積極的なドジョウ利用に比べると、沖永良部島（G18、G19）や与論島（G20）では、あまり積極的な食用としての利用が見られないように思われた。同じように、ヒョウモンドジョウが分布している（た）八重山諸島においても、石垣島・白保ではドジョウを食用としていなかった（G25）のに対し、与那国島ではドジョウの食用としての利用が聞き取れた（G27）。このような違いは自然環境に起因するわけではなく（徳之島・馬根の場合は、山間部で海の魚介の利用がしにくいという側面はあるが）、好みという文化的な要因によるものであるだろう[注2]。

注2 甲殻類のヤシガニも、島によって食用にする島と、食用にしない島がある。ヤシガニを食用とする島の中でも、波照間島では、特異的に、ヤシガニにさまざまな名称を与えるという「文化」がある。波照間島出身の島村賢正さんから、以下のような名称をご教授いただいた。

　アガンヘームゴン：芋畑を掘ってアガン（サツマイモ）を食べているヤシガニ
　アンヘームゴン：粟を食べているヤシガニ
　キナヘームゴン：リュウキュウコクタンの実を食べているヤシガニ
　アダンニヘームゴン：アダンの実を食べているヤシガニ
　パリャンアラシィムゴン：海岸の岩場でパリャン（卵）を海水で洗っているヤシガニ
　ピキムゴン：洞窟や岩のピキ（穴）に入っているヤシガニ
　ジュンマリムゴン：海岸林の砂中でジュンマリ（冬眠）しているヤシガニ

なおこれ以外に、「雨上がりに水を飲んでいるヤシガニ」に対する呼称もあるという。
　また、宮古諸島ではかつて渡り鳥のサシバを捕え、遊び道具としたり、食べたりすることがあったが、このとき、捕まえたサシバの眼の色（成長段階に対応して変化するという）に合わせて、サシバに異なった名称を与えていた。伊良部島の場合は、フミ（黒眼）、アオミ、キンミ（黄眼）、アカミと呼び分けており（盛口 2016d）、来間島ではンタミー（土眼）、ツンミー（またはタリカスミー。タリカスというのは、サトウキビを搾った汁のこと）、アカミーと呼び分けていたという。

第6章　里山の固有性

集落と子ども（西表島）。防風林に囲まれた赤瓦の屋根の家も現在はほとんど姿を消した（1966年撮影・沖縄県公文書館所蔵）。

6.1　里山のつながり

　かつての琉球列島における里山のありようについては、文献からも、その一端をたどることができる。

　日本に開国を迫ったペリーは、琉球にも訪れている。その際の記録は、当時の琉球のさまざまな様子を今に伝えるものとして貴重である。その記録の中に、琉球列島の里山の重要な構成種であるソテツについての記述が見られる。フリゲート艦ミシシッピ号に乗務していた軍医のD.S.グリーンが書いた報告書「大琉球列島の風土と疾病および農業」の中には、グリーンが最初に里山におけるソテツの植栽を見たときに、通訳にこれはなにかと訊ねたくだりが紹介されている。その問いに対して、通訳は「琉球の北部は非常に不便な土地なので貧しい人々はソテツを植える必要がある」と答えたとある。和訳された報告書の一部を引用すると、当時のソテツの植栽状況は、以下のように紹介されている（『ペリー艦隊日本遠征記　Vol. II』）。

　「岩石のない山では、高さが300フィート（約90メートル）以上あってもソテツが頂上まで植えられている。なかには斜面角が75度近くあるものもある。（中略）流出を防ぐため、または耕作地を作るため、またはこの両方の目的で、山の下から上へと向かって細長い土地が耕され、ここにソテツがジグザグ状に密に植えられる。（中略）ソテツはこのような『不便』な土地だけでなく、尾根やでこぼこの土地、また、十分肥沃な土がある岩の多い丘にも植えられている」

　これを読むと、当時、いかにたくさんのソテツが里山に植栽されていたかがわかる。この記述は通訳とのやりとりから、グリーンが沖縄島北部で見た光景であるようだ。しかし、現在、沖縄島北部に行っても、海岸の崖地にはソテツの群生を見ることはあるが、このグリーンの記述のような光景を見ることはない。

　明治期における奄美大島の里山の様子を記述した文献もある。東京大学のお雇い教員（動物学）であったドゥーダーラインは、明治13（1880）年、奄美大島に16日間滞在し、その間の見聞録を以下のように報告している（クライナー　1992）。

　「砂浜の海水にぬれるところまでは樹木のようなアダンでつくられた通過

不可能な藪がある。谷間の低い箇所の典型的な植物が稲と砂糖黍であるのに対し、川ぞいの谷間は約百メートルの高さで密生した芭蕉山となっている。けわしい山の他の斜面は人間の丈ほどある藪におおわれている。そのうちでは蘇鉄が主である。遠くから見ると真黒のようにして斜面全体をおおっている（以下略）」

奄美大島には、沖縄島よりもまとまったソテツが里周辺にも見られるが、やはりドゥーダーラインの記述と比べると、ソテツの量は減っていると思わざるをえない。

聞き取りから、沖縄島の南部のソテツが、戦禍にくわえ、戦後の食糧難のころに掘り尽くされて姿を消したという話は、すでに紹介した。奄美大島・大笠利では、「（ソテツは）その辺から山まで全部生えていましたよ。段々畑をつぶして、平たくしてしまったから、ソテツもなくなってしまって」というように、土地改良、圃場整備とのかかわりでソテツが減少したという話を聞き取った。しかし、それらの理由以外にも琉球列島の里山からソテツが減少した理由がある。そのひとつに、奄美諸島から他地域へのソテツの移植がある。その移植地とは、琉球列島を遠く離れた房総半島南部であり、第1章の1.1節でふれたように、そこはまた、私の生まれ故郷である。

房総半島南部において、ソテツは、植木および切り葉用として栽培されている。館山市・南房総市・鴨川市・鋸南町のソテツ栽培面積は、合計約73 ha（1997-1998年現在）とされる（斉藤ほか 2009）。ここで明らかなように、房総半島南部の里山におけるソテツは、琉球列島の里山における救荒食、緑肥、燃料、土止めなどの用途ではなく、換金作物としての栽培であり、琉球列島に比べれば、ずっと近代になってから里山の景観に入り込んだものである。

南房総のソテツの栽培の歴史を文献からたどってみる。南房総では、ソテツの栽培の導入以前から、花卉の栽培の歴史があり、明治時代中期からテッポウユリの栽培が始まっている。また、明治後期になると、南房総南無谷ではボタン、スイセン、グラジオラスが栽培されるようになり、大正中期には、マーガレット、アネモネ、キンセンカ、ルピナスなど多様な花々が栽培されるようになった（『房総の花』）。このような花卉栽培の歴史の中で、新たに取り入れられた作物がソテツということになる。

1924（大正13）年、館山市神戸、布沼の和泉沢安兵衛、佐野民造氏らが奄美大島よりソテツを導入したのが、南房総のソテツ栽培の始まりとされる。このとき、買い入れたソテツが多すぎて、「近所の人に分けて作ることをすすめた」と文献には書かれている（『房総の花』）。一方で、このソテツの導入（佐野民造氏らが鹿児島の森本商会を通じ、奄美大島から貨車4両分を購入とある）が、大正13年ではなく、昭和12（1937）年から14（1939）年にかけてのことであるとする文献もある（『房州の花』『富浦の花』）。ただし、後述するように富浦で昭和5（1930）年のソテツの葉の値段が記されている記録があることからすると、ソテツの導入自体は大正時代であると考えられる（それとは別個に昭和10年代に大規模な導入があったということかもしれない）。

南房総市富浦におけるソテツ栽培については、以下のような記述が文献に見られる（『富浦の花』）。

「観賞用として古くから栽培」「大正時代には、すでに量は少ないものの、葉を出荷」「富浦においては、南無谷の古内義高氏が自身で奄美大島まで出向き、種苗を購入し、営利栽培を始めた」

上にその名が見られる古内氏は、ソテツ栽培を始める以前、すでに1897（明治30）年ごろから自身の山でシキミやハランの栽培にいち早く手を染めていたという人物である（『房総の花』）。

なお、南房総のソテツ栽培に関連し、その供給地にあたった奄美大島のソテツについての興味深い記述が見られる。

「戦後安房郡内の各花卉組合がソテツを移入し、年間100〜200トンのソテツの株が植え付けられ、現在は、産地の奄美大島より安房郡の方が、ソテツが多いくらいである」（『房総の花』）

「戦後昭和20年代後半から現在に至るまで毎年大量の根株が奄美地方から導入され、山野には植えられました。その量は同地で手近に得られる株のあらかたが堀り取られたともいうほどに膨大な量にのぼっています」（『房州の花』）

はたして、奄美大島よりも南房総のほうが、ソテツの量が多くなったかは疑問であるが、文献を見る限り、膨大な量のソテツが運び出されたのは事実だろうし、そのことによって、奄美大島のソテツは減少したと考えられる。

6.1 里山のつながり　　225

図86　竹山に置き替えられつつあるソテツ畑（千葉県館山市）

しかし、現在、その南房総の里山においても、ソテツは衰退の道をたどり始めている。植栽されたソテツ畑の中には、放棄されたものや、すっかり竹林に侵略され、日陰となって枯死寸前となっているものも見られる（図86）。このような変遷は、どのようにして起こったのだろうか。

2011年、館山市・香谷において、当地のソテツ栽培に関して、農作業をされていた女性から以下のような聞き取りをすることができた。

——うちも以前はソテツをよくやっていました。30年前ぐらいのことですよ。ただ、10年ぐらい前にソテツをやるのはやめました。うちでは明治生まれの私の父がよくやっていたのですが、30年前に父が亡くなって、続けてはみましたが、体力的に無理だなぁと、やめることにしました。年をとるとたいへんですから。今も続けているところはありますが、うちのお隣もソテツはやめてしまいました。ソテツは切り花としてやっていました。出荷するのは、秋のお彼岸のころに出すこともあれば、春のお彼岸のころに出すこともあって、時期は選ばないようです。ここらへんは、冬で

図 87　墓に供えられたソテツ（千葉県館山市）

も菰をかけなくてもソテツは枯れませんから。うちでは父が山形のほうによく出荷していました。東京に出す方もいるし、千葉の市場に出す人もいます。お彼岸ごろには注文がくることもありました。小ぶりなものがほしいと。横浜の方からも、お彼岸には小ぶりなのがほしいという注文がありました。小ぶりなものは、お墓参り用に使うようです（図 87）。山形へは普段、長いものを出していました。なにに使うのかしらと話をしていたんですけどね。ソテツはもともと奄美大島のものじゃないかしら。菰で小さい苗を包んで持ってきて植えた……と聞いています。うちは、このあたりではソテツを植えたのが早かったほうです。平らないい畑は、ほかのものをつくって、ソテツは斜面を開墾して植えたんだと思います。今は人手がなくて、荒らしちゃっています。荒れ放題になっちゃっていますね。

（盛口 2015d）

このようなお話であった。

香谷は、海と背後の低い丘陵にはさまれた集落である。丘陵から流れ落ち

6.1 里山のつながり　227

図 88　田んぼの畦に植栽されたソテツ（千葉県館山市）

る小川に沿って、田んぼが谷の奥まで広がっている（現在は、谷奥の田んぼは休耕田となっている）。丘陵に面した斜面や田の畦（図 88）、住居まわりなどにはソテツの栽培が見られるが、このうち斜面のソテツ畑は話者が語ってくれたように、放棄され、荒れつつある。

　先の話の中に、切り葉用のソテツは、苗を植栽したという話が出てくる（そのため、奄美大島のソテツが大量に運び出された）。南房総は温暖とはいえ、種子から植栽されたソテツが、葉を収穫できるまでに成長をするのには長い年月がかかってしまう。そのため株を定植する方法がとられた。定植に適した株は、大きさが 5-8 kg、幹の直径が 15-20 cm、長さが 40 cm 程度のものとされている。また、植え付けの密度は 10 アールあたり 270-370 本である（渡辺・伊藤 2001）。こうして定植されたソテツの苗からは、定植後 4 年目になってから葉が収穫できるようになる。そして定植後十数年を経過した株では、年間 30 枚の葉を収穫できる。すなわち、10 アールあたりの葉の収量は、最高で 9000 枚から 1 万枚となる（渡辺・伊藤 2001）。

　ソテツの葉の収穫にあたっては、いくつかの注意点が必要とされる。話者

の話の中のソテツの葉の長さについて言及している部分がそれに関連する。

『ソテツ出荷マニュアル（案）』（JA 安房花卉部 2001）には、以下のように注意点があげられている。

「ソテツの葉の付け根に寸長棒をあて、ハサミで切る」「東北方面市場では 110 cm 以上の葉を求めている。東京周辺や都心に近い市場では、100 cm 程度でよい。また 90 cm 以下の葉も売られている」「葉は、3 回に分けて、外側から収穫する。9 月に新葉を収穫したら、中は 3 か月後、芯部の葉は次の新葉が出始めるころに切る」「葉は同じ圃場で収穫し、日陰葉は日陰葉だけ、日当たりのよい葉はそれだけで結束する」など。

好まれたソテツの葉の長さが、消費地によって異なっていたことがわかる（話者の話からは、このように長さの好みの異なるソテツの葉が、消費地でどのように利用されているのかわからずに生産していたという点もうかがえる）。

こうして収穫されたソテツ葉の売り上げは、時代によって変動した。

富浦においてソテツの営利栽培を始めたころ、米 1 俵が 6-7 円であったのに対し、植栽用のソテツの苗は 1 俵（60 kg）、17 円であったとある。一方、この当時はソテツが 3000 株もあれば、その葉から得られる現金収入で、立派に生活できたとも書かれている（『富浦の花』）。なお、富浦における 1930（昭和 5）年の記録では、マーガレットの値段は 1 本 7 厘強、ハランが 1 枚 9 厘、ソテツが 1 枚 5 厘とある（『房州の花』）。

1978 年に出版された文献によれば、この文献の出版当時、ソテツは「現在その株から切られる切葉は年間を通して切れ目なしに市場に供給され、栽培者に高い収益をもたらしています」（『房州の花』）とあり、ソテツ栽培に高い付加価値が認められ、将来が嘱望されていた栽培品目であったことがわかる。

同じころにあたる、1979 年ごろの館山市におけるソテツの栽培と販売状況については、ソテツ葉の加工品（着色）は 1 枚 50-60 円の取引、無加工品の場合、長い葉で 40-50 円、短いもので 20-30 円で取引されているとある。ソテツの切り葉は長短をそろえて 10 枚 1 組として束ね、さらに 50 組で出荷する。10 アールあたりの売り上げとしては、1 枚 30 円で売るとすると、30 万円ほどの利益となると具体的な値段も紹介されている。ただし、この当時

もソテツ葉の専業農家は見当たらず、ソテツは畑の土手や山の開拓地に植栽が行われ、副業的に扱われているともある（『千葉の花』）。

ところが、2001年に刊行された文献になると、「ソテツの価格は年々低下しており、東京都内市場では1枚平均20-27円となっている。10aあたりの売上は18万-27万円くらいと5-10年前に比べ2分の1くらいに低下した」とある（渡辺・伊藤 2001）。話者の話では30年前（1980年代）ぐらいはソテツの栽培に力を入れていたが、10年前（2000年ごろ）にソテツの栽培をやめてしまったという。これはちょうどソテツの価格が年々、低下していると書かれた文献の記述の時期と一致している。

つまり、南房総において、里山の景観の一角を担うようになったソテツが衰退している理由として、農業従事者の高齢化にともない、ソテツ葉の収穫はきついからという理由が話者からはあげられていたが、それ以外に、ソテツ葉の単価が下落したためということも、栽培の衰退の理由にあげられることが推測される。

この点について、さらに明らかにするため、南房総におけるソテツの栽培にくわしい、2011年当時・千葉県安房農場事務所改良普及課に在職しておられた渡辺照和さんに南房総のソテツ栽培について、お話をうかがうこととした。渡辺さんからうかがった話の要点は以下の3点にまとめられる（盛口 2015b）。

① 安房のソテツ栽培にはいくつかの核となる地域があり、それぞれに栽培の経緯が異なる。神戸の布沼は、葉物を含めた花卉の栽培がさかんであった地域で、ソテツもその中の一品に組み込まれていた。一方、富浦の場合は、特産のビワの栽培ができないような土地を選んで植栽されたり、ビワの手がかからない時期の産物としてソテツ栽培が位置づけられたりしていた（ハランもビワの木の下草的に栽培が行われてきた）。

② 1992-93年ごろまではソテツの葉が1本100円ほどの高値がついたが、その後22-23円くらいまで値が下がった。この値段の急落期に栽培、出荷をやめた人が多い。また、地域によっては、リゾート法の施行で、ソテツの植栽地ごと、山が企業に売却されたところもあった。

さらに近年、原因がはっきりしないが、ソテツが枯死するということもしばしば起こっている。
③ 花卉の扱いは、個人と市場との結びつきで行われている。ソテツは一時、共同で出荷する仕組みが試みられたが、うまくいかなかった。ひとつにはソテツは極端にいえば、株ごとに葉の特性が異なっており、商品としてのまとまった取り扱いがむずかしい（商品とするときは、同じ株から10枚の葉を採ると、うまくかたちや長さがそろう）。花卉を扱う市場が統合され、販売先が減少したことも、ソテツの葉の出荷が減少した原因のひとつ。また、近年になって、都内では法事でソテツの葉を利用しなくなり、需要自体も減少した。東北でもソテツは仏花として利用していたが、その利用が減っている。

このように、実際には、さらに多くの要因が南房総におけるソテツ栽培の衰退には関係していた。

南房総に生まれ育った私にとって、里山にソテツが植栽されているのは「あたりまえ」なことである。が、それが「あたりまえ」であるのは、日本全国の中でも、琉球列島と南房総といった限られた地域の話である。また、南房総という土地においてさえ、ソテツが里山の中で重要な位置を占めていた時期は、1920-2000年ごろの間のことにすぎない。こうして見ると、里山というのは、多種多様な、地域によって固有な生態系であり、たえず変動の中にあるということができる。

6.2　里山の固有性

琉球列島の里山の多様性をテーマにして研究を進めるうち、思いもかけず、自身の生まれ故郷の里山の成り立ちの一部を知ることになった。このように、他地域とのつながりもときに見られる琉球列島の里山は、現在、人とのかかわりが希薄になり、かつての里山の様子はわずかに残された古い写真や統計、それに人々の記憶の中に残るだけのものになりつつある。

かつて、島の人々にとって、島々の里山は、「あたりまえ」の存在としてあった。しかし、本書で紹介してきたように、それは島ごと、集落ごとといった

ってよいほど、多様であり、つまりはそれぞれに固有の生態系であったといえる。本書の内容は、ひとつひとつの島（集落）については扱いが浅くならざるをえなかったが、多くの島々を扱うことで、相互比較を行うことによって、その固有性が多少なりとも明らかにできたらと考えた。

　かつて、里山の中で、人々は自給自足的に生活を行ってきた。とくに島の場合は、外界から海によって遮断され、島内の資源が限定的であるという、より自給自足的で、なおかつ持続的な暮らしと、それを支える生態系の維持が必要とされた。そのようななか、琉球列島においては隆起サンゴ礁からなる低島においても、その島ならではの生態系の維持管理の手法が編み出され、その結果、島ごとに特有の動植物利用や里山の景観が生み出されていった。

　持続的社会の確立の重要性が叫ばれるなか、琉球列島の里山の姿から見えるのは、持続的な生態系の維持は、地域ごとに異なった固有の手法を取るというものである。グローバル化が進むなか、問題への解答は、高度なテクニックをともなった唯一のものが選択される傾向があるが、ヒトという生物が生態系の中で生きるには、それとは異なった解法が必要であることを、過去から学ぶ必要があるのではと考えている。そのためにも、多様な島々で見出され、語られてきた人々の知恵を、少しでも多く、残し伝える必要を切に思う。

　かつて、西表島のY.I.さんから、カーヌパタッツァーヌ・アブタマユングトゥという歌を教えていただいた。このときは、単純にユニークな歌詞に惹かれてというのが、ほんとうのところだった。が、考えてみるに、この歌は、西表島の里山のさまざまな生きものをうたいこんでいるだけでなく、人々の暮らしが、その里の環境とともに、永遠に続くように……すなわち、持続可能性への願いを歌っている歌なのである。

カエルに羽が生えるまで。
ヤモリが海に降りてジュゴンになるまで。

　島々の自然が人々の暮らしとともに残されていくことを、私も願いたいと思う。

おわりに

　大学3年の夏。植物生態学の大沢雅彦先生の研究室に所属していた私は、先輩の卒論のデータ集めの手伝いのため、屋久島のスギ林の中に居住することになった。2週間山中で過ごしては、下山して数日間の休憩と次の山ごもりの準備。そうしたサイクルが2カ月間続いた。季節は7、8月。標高1000m近い山中は、連日湿度100%近い環境だった。洗濯をしても服は乾かず、そもそも風呂もなかったため、2週間は同じ服を着続け、雨に濡れては体温で乾かすという日々。生鮮食料を持って上がるすべもなかったため、山中ではインスタント食品ばかりの日々が続き、2カ月後にはビタミンが不足したのか、足腰がふらつく状態になってしまっていた。それでも、屋久島の自然は私を強く惹きつけた。千葉の海辺の里山で育った私にとって、原生的な自然に対する、自己の原風景をかたちづくることになったのが、このときの屋久島体験だった。

　以後、さまざまな調査のフィールドとして、屋久島に幾度となく足を運ぶことになる。こうしたことから、屋久島をフィールドとして研究を進めていた生態学者の湯本貴和先生とは、ずいぶんと前から顔見知りであった。以前に勤務していた埼玉の私立学校の屋久島修学旅行の際には、自然ガイドをお願いしたこともある。それが、奇しくも、湯本先生をリーダーとする総合地球環境学研究所のプロジェクトに私を結びつけることになり、その研究への参加が本書というかたちとなって表れることになったわけである。

　総合地球環境学研究所の湯本プロジェクトの中で、奄美・沖縄班のリーダーが山口県立大学の安渓遊地先生だった。聞き取り調査というものは、シンプルながらもじつは奥が深いということを教えていただいたのも、安渓遊地先生と、その連れ合いであられる貴子先生からであり、両先生からはほかにも教えていただいたことがさまざまにある（もっとも、弟子を名乗るほど学べてはおらず、自称、追っかけ程度の存在である）。また、このときの研究チームとして、当山昌直、渡久地健両先生とも知己を得て、以後も調査など

をご一緒させていただく機会を得ている。総合地球環境学研究所のプロジェクトとしては、その後、大西正幸先生を代表とする沖縄島・奥の総合調査にもかかわらせていただき、言葉と動植物利用のかかわりに関して目を開かせていただくことができた。

北九州市立大学の竹川大介さんとは、竹川さんが沖縄来訪の際、私がかかわっているNPO珊瑚舎スコーレを訪れたことから縁が始まった。以後、生態人類学を専攻する竹川さんの研究室にも何度か訪れさせてもらい、竹川研究室在籍のゼミ生たちの活動なども含め、人の活動に対してどんな興味を抱き、どう記述していったらよいのかということに対して、多くの刺激や知識をいただいている。これまた、私の一方的な追っかけ状態に近い関係ではあるが。

沖縄島・奥出身の宮城邦昌さんは、長らく沖縄気象台に勤務されていた経歴があり、本書の内容とは別個の対象として、興味を持って調べていた、石垣島測候所長・岩崎卓爾の調査のためにお会いしたのが最初の出会いだった。しかし、その後、かつての里山のことを教えていただく話者として、ときには調査の共同研究者として（沖永良部調査や与論調査にも同行をお願いした）、本書に書いた調査結果を得るうえで、私にとってなくてはならないパートナーであった。また、池間島で活動をしている三輪大介さんは、彼が高校生時代に理科を教えたというのが縁の始まりだったのだが、湯本プロジェクトではチームメイトとなり、本書の中で低島から里山の多様性を探る視点の原点となった池間島調査では多大な援助をいただくことになった。これらもまた、不思議な縁であると思う。もちろん、各島の話者を紹介していただいた方や、多くの話者の方々の協力をいただいてこそ、このような本を書くことができたのはいうまでもない。個々のお名前は謝辞に譲るが、ほんとうに感謝の言葉を申し上げたいと思う。

なお、本書は、編集者である光明義文さんが、「沖縄の里山をテーマに学術書を書いてみませんか？」という声をかけてくださってこそ、こうしてかたちになったものであることを最後に記しておきたい。光明さんとは、『生き物の描き方——自然観察の技法』（2012年、東京大学出版会）という本から、ご一緒させていただいているが、いつも、私の思いもかけぬ企画を考え、声をかけてくださっている。「学術書を書いてみませんか？」という誘

いにたいし、「自分にはできるか？」という思いがまず頭をよぎったのだが、けっきょくは「ぜひやらせてください」と、返事をすることになった。それは、島々の話者の方々の言葉を、どのようなかたちにせよ残しておきたいという思いが、光明さんと私の間に共通している……ということがわかったからである。

　以上のように、多くの方々のお力添えで、このような本を書き上げることができた。重ねて、記して感謝する次第である。

謝辞

　聞き取り調査にあたり、以下の方々、団体には、話者の方々のご紹介に尽力をいただいた。
屋久島　山下大明さん
種子島　長野広美さん
喜界島　外内淳さん
奄美大島・瀬戸内町　町健次郎さん、故前田芳之さん
徳之島・奄美大島笠利町　徳之島虹の会・見延睦美さん
沖永良部島　前利潔さん
与論島　与論島郷土研究会の方々
伊平屋島　渡久地健さん
沖縄島・奥　宮城邦昌さん
沖縄島・仲村渠　宮城竹茂さん
久米島　松田志朗さん
池間島　三輪大介さん
伊良部島　渡久山章さん
多良間島　波平雄翔さん
石垣島・白保　WWFサンゴ礁保護研究センター（当時）・上村真仁さん
石垣島・登野城、波照間島、与那国島　正木譲さん

　聞き取り調査では、以下の話者の方々に時間を取っていただき、貴重なお話をうかがうことができた（順不同）。
（種子島）筧良平さん、柳川みどりさん、持田三男さん
（屋久島）渡邊泉さん、牧瀬一郎さん、長井三郎さん、兵藤昌明さん
（喜界島）野間昭夫さん、南輝子さん、基井啓子さん、富福太郎さん、吉住澄隆さん、伊地知告さん
（奄美大島）堯文俊さん、渡哲一さん、計省三さん、計ツギ子さん、與倉一

新さん、野口克哉さん、野口ミサ子さん、竹田忠光さん、長井清さん、有川治さん、林豊徳さん、栄初夫さん、笠利イモ子さん、中村ハマ子さん、里力さん、隆司壽治さん、山内清一さん、静岡幸久さん、森田勇さん、徳秀信さん、井上昇さん、蘭博明さん、新元博文さん、中山清美さん

(徳之島) 松元勝良さん、徳永光子さん、松村博光さん、岩本貞子さん、岩本利量さん、武田久夫さん、元田セイ子さん、永田シズさん、武妙さん、柳ユキエさん、佐武ハルさん、宮内チカさん、嶺山サエさん、里田イワさん、太良シズさん、佐武徳良さん、柳秀夫さん、嶺百良さん、作田トシ江さん、松本彦三さん、當キクエさん、常秀男さん、宮重友さん、常信良さん、四本政栄さん、四本アイ子さん、有馬喜久美さん、稲トキ子さん、徳永武彦さん、行山武久さん、池畑新一さん、政岡良治さん、元井秀隆さん、町田進さん、頂ミツ子さん、富田弘子さん、法元トシ子さん、頂文吉さん、春山信雄さん、元田浩三さん

(沖永良部島) 新納忠人さん、永島健司さん、山畠貞三さん、大山澄夫さん、西直実さん、佐々木鐵雄さん

(与論島) 麓才良さん、竹下徹さん、竹盛窪さん、竹内浩さん、菊千代さん、川内陽吉さん、池田テツさん

(伊平屋島) 西銘仁正さん、西銘美枝さん、名嘉律夫さん、伊佐川肇さん、伊佐川ナサ子さん

(沖縄島) 上原信夫さん、島田隆久さん、宮城正志さん、玉那覇タカ子さん、与名城安さん、宮城安輝さん、崎原栄秀さん、崎原トミさん、島袋正敏さん、嶺井政康さん、儀間初子さん、比嘉信さん、金城善徳さん、當山喜世子さん、玉代勢義雄さん、池原俊正さん、岩佐幸子さん、小谷正行さん、銘苅全朗さん

(久高島) 古堅苗さん、福治洋子さん

(久米島) 本永政子さん、本永恒子さん、保久村昌欣さん、新垣カメさん、新垣信和さん、宮里真次さん、城田盛信さん

(池間島) 長嶺巖さん、山口修さん、山口ゆかりさん、仲原ソエ子さん、長嶺信夫さん、西里勇さん、本村正美さん、前泊博美さん、山城美枝さん、前泊勤さん、前泊政子さん、伊良波ハチさん、勝連昭子さん、譜久村仁さん、前泊忠勝さん

（来間島）国仲富美男さん
（伊良部島）渡久知勝さん、長堂芳子さん
（多良間島）亀川博薫さん、長浜隆夫さん、福嶺勝公さん、波平雄二さん、波平梅子さん、富盛玄三さん、清村隆男さん、清村光子さん、伊良皆光雄さん
（石垣島）識名朝三郎さん、南風野喜作さん、通事浩さん、城間トヨさん、渡久山光枝さん、宮良裕八さん、新城康弘さん、前盛順子さん、前内原用吉さん、多宇明範さん、新里昌俊さん、新城栄子さん、新里昌央さん、本村良子さん、山里節子さん
（西表島）石垣ヨシさん
（鳩間島）花城良廣さん
（波照間島）島村修さん
（与那国島）正木恵美子さん、冨里康子さん、久部良竹仁さん

参考文献

青木淳一．2013．『博物学の時間』．東京大学出版会．
秋道智彌．2008．「マメ科植物の魚毒漁——アジア・太平洋のマメ科デリス属を中心に」．『Biostory』（9）: pp. 72-82.
天野鉄夫．1979．『琉球列島植物方言集』．新星図書．
新城俊昭．1994．『高等学校　琉球・沖縄史』．沖縄県歴史教育研究会・新城俊昭．
有岡利幸．2004．『ものと人間の文化史 118-1　里山Ⅰ』．法政大学出版局．
安房花卉園芸組合連合会．1978．『創立 50 周年記念誌　房州の花』．安房花卉園芸組合連合会．
安渓貴子．1992．「日本最大のドングリ，オキナワウラジロガシ」．松山利夫・山本紀夫編『木の実の文化誌』．朝日新聞出版．pp. 38-40.
安渓貴子．2015．「ソテツの三つの毒抜き法」．安渓貴子・当山昌直編『ソテツをみなおす　奄美・沖縄の蘇鉄文化』．ボーダーインク．pp. 26-44.
安渓貴子・盛口満編．2011．『聞き書き・島の生活誌⑤うたいつぐ記録　与那国・石垣島のくらし』．ボーダーインク．
安渓遊地編．2007．『西表島の農耕文化——海上の道の発見』．法政大学出版局．
安渓遊地・盛口満編．2010．『聞き書き・島の生活誌③田んぼの恵み　八重山のくらし』．ボーダーインク．
池田豪憲．1986．「沖永良部島の植物方言資料」．『鹿児島県の植物』（8）: pp. 57-86.
池田豪憲．発表年不明．「喜界島の植物方言資料」．『鹿児島県の植物』（9）: pp. 32-48.
石垣市史編集員会編．1994．『石垣市史　各論編　民俗　上』．石垣市．
磯野直秀．2007．「明治前園芸植物渡来年表」．『Hiyoshi Review of Naturral Science Keio University』（42）: pp. 27-58.
伊波普猷．1973．『をなり神の島 1』．平凡社東洋文庫．
岩倉市郎．1973．「喜界島漁労民俗」．日本常民文化研究所編『日本常民生活資料叢書　第 24 巻　九州南島篇』．三一書房．pp. 627-783.
岩崎卓爾（伝統と現代社編）．1974．『岩崎卓爾一巻全集』．伝統と現代社．
岩槻邦男ほか監修．1997．『朝日百科　植物の世界 11　種子植物　単子葉類③裸子植物』．朝日新聞社．
上江州均ほか．1983．『琉球諸島の民具』．未来社．

恵原義盛. 2009.『復刻 奄美生活誌』. 南方新社.
蝦原一平. 2010.「亜熱帯の森に眠る猪垣 沖縄県西表島の猪垣の配置形態と構造」. 高橋春成編『日本のシシ垣』. 古今書院. pp. 76-93.
蝦原一平・安渓遊地編. 2011.『聞き書き・島の生活誌⑥いくさ世をこえて 沖縄島・伊江島のくらし』. ボーダーインク.
大里村史編集委員会. 1982.『大里村史 通史編』. 大里村.
大城安弘・奥島澄子. 1980.「タイワンカブトムシ Oryctes rhinoceros Linnaeus（鞘翅目：コガネムシ科）の生態学的研究——第一報 琉球列島における分布及び侵入経路について」.『沖縄農業』16（1.2）: pp. 15-22.
大野啓一. 1997.「日本から台湾の照葉樹林」.『特別展 南の森の不思議な生きもの 照葉樹林の生態学』. 千葉県立中央博物館. pp. 78-87.
大泰司紀之. 2015.「ジュゴン入門 進化・分類・形態および保全対策」.『海洋と生物』36（4）: pp. 339-344.
大橋広好ほか編. 2015.『改訂新版 日本の野生植物1 ソテツ科 - カヤツリグサ科』. 平凡社.
大湾ゆかり. 1993.「沖縄本島北部における琉球藍の生産とその社会的背景」.『沖縄民俗研究』(13): pp. 1-31.
沖縄県文化環境部自然保護課. 2018.『改訂 沖縄県の絶滅のおそれのある野生生物 第3版 動物編』. 沖縄県.
沖縄大百科事典刊行事務局編. 1983.『沖縄大百科事典』. 沖縄タイムス社.
奥井かおり. 2016.「淡路島における木の実利用の記録」. 第63回日本生態学会ポスター発表.
奥のあゆみ刊行委員会編. 1986.『奥のあゆみ』. 国頭村奥区事務所.
小野武夫編. 1932.『近世地方経済資 第9巻』. 吉川弘文堂.
皆藤琢磨. 2016.「中琉球の動物はいつどこからどのようにしてやってきたのか？ヒバァ類を例として」. 水田拓編『奄美群島の自然史学』. 東海大学出版部. pp. 18-35.
鹿児島県農政部. 1970.『鹿児島県農業の動き』. 鹿児島県農政部.
鹿児島大学植物園の樹木たち編集委員会編. 2004.『鹿児島大学植物園の樹木たち』. 鹿児島大学.
笠利町執筆委員会編. 1973.『笠利町誌』. 鹿児島県大島郡笠利町.
柏常秋. 1954.『沖永良部島民俗誌』. 凌霄文庫刊行會.
鹿野雄一ほか. 2012.「西表島におけるドジョウの危機的生息状況と遺伝的特異性」.『魚類学雑誌』59（1）: pp. 37-43.
鎌谷親善. 1988.「明治期日本における伝統技術の変容——阿波藍の栽培・製造」.『経営論集』31: pp. 43-75.
喜界島阿傳村. 1973.「喜界島阿傳村立帳」. 日本常民文化研究所編『日本常民生

活資料叢書　第24巻　九州南島篇』．三一書房．pp. 385-624.
菊千代・高橋俊三．2005.『与論方言辞典』．武蔵野書院．
喜舎場永珣．1970.『八重山古謡　下』．沖縄タイムス社．
北山雅史編．1997.『ペリー艦隊日本遠征記　Vol. II』．栄光教育文化研究所（原題『アメリカ艦隊による中国海域および日本への遠征記』．1856年）．
桐野利彦．1985.『奄美大島の糖業と耕地開発および農作物の変化』．桐野利彦．
金城功．1985.『近代沖縄の糖業』．ひるぎ社．
國頭郡教育会編．1919.『沖縄懸國頭郡志』．沖縄出版会．
久野謙次郎手記（柏常秋校訂）．1954.『南島誌　各島村法』．奄美社．
クライナー・ヨーゼフ（田端千秋訳）．1992.『ドイツ人のみた明治の奄美』．ひるぎ社．
来間寿男．1991.「さとうきびブームとその後」．沖縄県農林水産行政史編集委員会編『沖縄県農林水産行政史』第1巻・第2巻．農林統計協会．pp. 340-348.
黒木秀一．2015.『宮崎のきのこ』．鉱脈社．
国際連合大学高等研究所／日本の里山・里海評価研究所編．2012『里山・里海　自然の恵みと人々の暮らし』．朝倉書店．
斉藤明子・尾崎煙男・盛口満．2009.「千葉県におけるクロマダラソテツシジミの初記録と発生初期の生息地」．『月刊むし』(465): pp. 28-32.
阪本寧男．2007.「里山の民族生物学」．丸山徳次・宮浦富保編『里山学のすすめ』．昭和堂．pp. 28-50.
先田光演編．2012.『与論島の古文書を読む』．南方新社．
先田光演編．2015.『奄美・徳之島の重要古文書　仲為日記』．南方新社．
笹森儀助（東喜望校注）．1982.『南嶋探驗』．平凡社東洋文庫．
佐竹儀輔ほか編．1989.『日本の野生植物　木本 II』．平凡社．
座間味村史編集委員会編．1989.『座間味村史（中）』．座間味村役場．
JA安房花卉部．2001.『ソテツ出荷マニュアル（案）』．JA安房花卉部．
志戸桶誌編纂委員会編．1991.『志戸桶誌』．志戸桶誌編纂委員会．
島田隆久．2009.『奥川変遷の話』．リュウキュウアユシンポジウム in 奥川・発表資料．
清水建美編．2003.『日本の帰化植物』．平凡社．
下野敏見．1982.『種子島の民俗　I』．法政大学出版局．
謝敷正市．2015.『宮古島市資料6　ユナンダキズマ　むかしの暮らし』．宮古島市教育委員会．
城ヶ原貴通．2016.「琉球列島のネズミ類──トゲネズミとケナガネズミ」．本川雅治編『日本のネズミ──多様性と進化』．東京大学出版会．pp. 169-184.
新里恵二ほか．1972.『沖縄県の歴史』．山川出版．
第27回日本花き生産者大会．1979.『千葉の花』．第27回日本花き生産者大会．

平良新弘. 2002.『海人の島』. 私家版.
高橋栄一. 1991.『肥料の来た道帰る道』. 研成社.
高宮広土. 2014.「琉球列島の環境と先史・原史文化」. 青山和夫ほか編『マヤ・アンデス・琉球――環境考古学で読み解く「敗者の文明」』. 朝日新聞出版. pp. 177-239.
高谷好一. 1984.「『南島』の農業基盤」. 渡部忠世・生田滋編『南島の稲作文化――与那国島を中心に』. 法政大学出版会. pp. 2-28.
高良倉吉. 1982.「近世末期の八重山統治と人口問題――翁長親方仕置とその背景」.『沖縄資料編集所紀要』(7): pp. 1-45.
竹富町古謡集編集委員会編. 1997.『竹富町古謡集 第2集』. 竹富町教育委員会.
田里一寿. 2014.「貝塚時代におけるオキナワウラジロガシ果実の利用について」. 高宮広土・新里貴之編『琉球列島先史・原史時代の環境と文化の変遷』. 六一書房. pp. 111-125.
田中二郎・掛谷誠編. 1991.『ヒトの自然誌』. 平凡社.
田中耕司. 1984.「与那国島の水田立地と稲作技術」. 渡部忠世・生田滋編『南島の稲作文化――与那国島を中心に』. 法政大学出版会. pp. 232-262.
田端敬三ほか. 2007.「下鴨神社糺の森における林冠木の枯死とそれに伴う木本実生の侵入定着過程」.『日緑工誌』33 (1): pp. 53-58.
多良間村史編集委員会編. 1993.『多良間村史 第4巻 資料編3（民俗）』. 多良間村.
政元保. 1983.『南島民俗研究資料 鹿児島県大島郡喜界町 大朝戸・西目誌考』. 政元保.
当山昌直. 2011.「ジュゴンの乱獲と絶滅の歴史」. 湯本貴和編『島と海と森の環境史』文一総合出版. pp. 173-194.
当山昌直. 2015.「沖縄の自然研究」. 沖縄県教育長文化財課資料編集班編『沖縄県史 各論編 第1巻 自然環境』. 沖縄県教育委員会. pp. 4-26.
当山昌直・安渓遊地編. 2009.『聞き書き・島の生活誌①野山がコンビニ 沖縄島のくらし』. ボーダーインク.
当山昌直ほか. 2016.「沖縄島国頭村奥の動植物方名とその利用」. 盛口満・当山昌直編『琉球列島の自然伝統知――沖縄島国頭奥』. 沖縄大学地域研究所彙報 (11): pp. 81-142.
都成植義. 1964.『奄美史談・徳之島事情』. 名瀬市史編纂委員会.
飛田範夫. 2004.「シュロ縄とワラビ縄 都市における植物文化――江戸時代の大阪10」.『グリーン・エージ』31 (2): pp. 46-49.
富浦町. 1996.『富浦の花』. 富浦町.
豊見山和行. 2015.「琉球王府による蘇鉄政策の展開」. 安渓貴子・当山昌直編『ソテツをみなおす 奄美・沖縄の蘇鉄文化誌』. ボーダーインク. pp. 50-65.

中井達郎. 2016. 「亜熱帯・島嶼の自然と人とのかかわり」. 『地理』61（5）: pp. 16-25.
中尾舜一. 1990. 『セミの自然誌』. 中公新書.
仲里村役場企画課. 2000. 『海物語――海名人の話』. 仲里村.
長澤武. 2001. 『ものと人間の文化史101 植物民俗』. 法政大学出版会.
長沢利明. 2006. 「毒流し漁と魚毒植物」. 『西郊民俗』(196): pp. 1-14.
中石清繁. 1990. 『イーター島 伊計島生活誌』. 私家版.
中島淳. 2017. 『日本のドジョウ 形態・生態・文化と図鑑』. 山と渓谷社.
仲地哲夫ほか校注・執筆. 1983. 『日本農書全集34 農務帳・耕作下知方並諸物作節附帳ほか』. 農山漁村文化協会.
仲原善秀. 1990. 『久米島の歴史と民俗』. 第一書房.
中村重正. 2000. 『菌食の民俗誌 マコモと黒穂菌の利用』. 八坂書房.
中村道徳編. 1980. 『生物窒素固定』. 学会出版センター.
名護市史編さん委員会編. 2001. 『名護市史本編9 民俗Ⅱ――自然の文化誌』. 名護市史編さん室.
名越左源太（國分直一・恵良宏校注）. 1984. 『南島雑話2』. 平凡社東洋文庫.
西原町教育委員会編. 2004. 『西原町の自然』. 西原町教育委員会.
野口武徳. 1972. 『沖縄池間島』. 未来社.
野本寛一. 1984. 『焼畑民俗文化論』. 雄山閣.
野本寛一. 1995. 『海岸環境民俗論』. 白水社.
南風原町史編集員会編. 1997. 『南風原町史 第2巻 自然地理資料編』. 南風原町.
萩原信介. 1977. 「都市林におけるシュロとトウジュロの異常繁殖Ⅰ 種子の散布と定着」. 『自然教育園報告』(7): pp. 19-31.
蓮見音彦. 1981. 「奄美大島における農業の変化と農村」. 松原治郎ほか編『奄美農政の構造と変動』. 御茶の水書房. pp. 19-55.
初島住彦. 1991. 『北琉球の植物』. 朝日印刷書籍出版.
花輪伸一. 2016. 「琉球列島の生物多様性保護と世界自然遺産登録」. 『地理』61（5）: pp. 27-33.
林正美監修, 佐々木健志ほか. 2006. 『生態写真と鳴き声で知る 沖縄のセミ』. 新星出版.
半野いず実ほか. 2011. 「チビモダマ系ドロップモダマとチョコモダマについて」. 『どんぶらこ』36: pp. 1-4.
平尾子之吉. 1956. 『日本植物成分総覧 第三巻』. 佐々木書店.
藤間五郎. 1933. 「沖縄県ニ於ケル米穀事情調査」. 沖縄県農林水産行政史編集委員会編『沖縄県農林水産行政史 第11巻』. 農林統計協会. pp. 267-349.
房総の花編集委員会. 1979. 『房総の花』. 土筆書房.

前利潔. 1995.「奄美自立への詩論」. 佐藤正典ほか編『滅び行く鹿児島――地域の人々が自ら未来を切り拓く』. 南方新社. pp. 294-330.
松本由友. 1952.『林業普及シリーズ　しゅろ』. 林野庁.
松山利夫. 1982.『ものと人間の文化史47　木の実』. 法政大学出版局.
丸山徳次. 2007.「今なぜ"里山学"か」. 丸山徳次・宮浦富保編『里山学のすすめ』. 昭和堂. pp. 1-26.
三井栄三（述）. 1983.「琉球におけるラミー等特用作物の生産並に加工等に関する報告書」. 沖縄県農林水産行政史編集委員会編『沖縄県農林水産行政史　第13巻』. 農林統計協会. pp. 665-682.
南真木人. 1993.「魚毒漁の社会生態――ネパールの丘陵地帯におけるマガールの事例から」.『国立民族学博物館研究報告』18（3）: pp. 375-407.
宮城文. 1972.『八重山生活誌』. 沖縄タイムス社.
宮城邦昌. 2010.「沖縄島奥集落の猪垣保存運動」. 高橋春成編『日本のシシ垣』. 古今書院. pp. 196-211.
宮城邦昌ほか. 2016.「沖縄島国頭村奥の伝統的地名」. 盛口満・当山昌直編『琉球列島の自然伝統知――沖縄島国頭奥』. 沖縄大学地域研究所彙報11号: pp. 7-80.
宮澤賢治. 1979.『宮澤賢治全集　10巻』. 筑摩書房.
宮島式郎. 1944.『デリス』. 朝倉書店.
宮本旬子. 2016.「奄美群島の植物相」. 鹿児島大学生物多様性研究会編『奄美群島の生物多様性』. 南方新社. pp. 10-29.
三輪大介. 2011.「近世琉球王国の環境劣化と社会的対応　蔡温の資源管理政策」. 安渓流遊地・当山昌直編『奄美沖縄環境史資料集成』. 南方新社. pp. 303-333.
三輪大介・盛口満編. 2011.『聞き書き・島の生活誌⑦木にならう　種子・屋久・奄美のくらし』. ボーダーインク.
村上弥生. 1999.「ヤシ科シュロの利用――和歌山県紀北山地の事例を中心に」.『日本民俗学』（218）: pp. 92-104.
目崎茂和. 1985.『琉球弧をさぐる』. 沖縄あき書房.
本部廣哲編. 1996.『大山町有林物語――いのちと癒しの森から』. 海風社.
森巌. 1960.「沖縄産魚毒植物成分の研究（1）イジュ（$Schima\ liukiuensis$ NAKAI）樹皮サポニンの魚毒作用並びに溶血作用」.『琉球大学文理学部紀要　理学編』（4）: pp. 50-58.
森巌. 1962.「沖縄産魚毒植物成分の研究（2）ルリハコベ（$Anagakis\ arvensis$ L.）サポニンの魚毒作用並びに溶血作用」.『琉球大学文理学部紀要　理学編』（5）: pp. 16-21.
盛岡節夫. 1999.『南房総のマテバシイ植栽文化　トウジイの歩いた道』. 千葉県

農業改良協会.
盛口満. 1997a. 『僕らが死体を拾うわけ』. どうぶつ社.
盛口満. 1997b. 『ネコジャラシのポップコーン』. 木魂社.
盛口満. 1998. 『ぼくらの昆虫記』. 講談社現代新書.
盛口満. 2001. 『ドングリの謎』. どうぶつ社.
盛口満. 2003. 『ジュゴンの唄』. 文一総合出版.
盛口満. 2004. 『西表島の巨大なマメと不思議な歌』. どうぶつ社.
盛口満. 2011a. 「教室から見る"シマ"と"いま"」. 安渓遊地・当山昌直編『奄美沖縄環境史資料集成』. 南方新社. pp. 789-813.
盛口満. 2011b. 「植物利用から見た琉球列島の里の自然」. 安渓遊地・当山昌直編『奄美沖縄環境史資料集成』. 南方新社. pp. 335-362.
盛口満. 2012. 「やんばる・奥の食べ物の思い出の記録――上原信夫さんと宮城邦昌さんのお話」. 在那覇奥郷友会創立60周年記念誌編集委員会編『創立60周年記念誌 郷愁』在那覇奥郷友会. pp. 182-191.
盛口満. 2013a. 『雨の日は森へ』. 八坂書房.
盛口満. 2013b. 『琉球列島の里の自然とソテツ利用』. 沖縄大学地域研究所彙報 10.
盛口満. 2013c. 「種子島・西之表市安納・沖ヶ浜田の人と自然の関係――持田三男さんのお話から」. 『地域研究』(11): pp. 87-93.
盛口満. 2014. 「琉球列島の里の自然とソテツ利用」. 安渓貴子・当山昌直編『ソテツをみなおす 奄美・沖縄の蘇鉄文化史』. ボーダーインク. pp. 111-119.
盛口満. 2015a. 「琉球列島における魚毒漁についての報告」. 『沖縄大学人文学部紀要』(17): pp. 69-75.
盛口満. 2015b. 「名護市底仁屋における植物利用の記録――島袋正敏さんのお話」. 『地域研究』(15): pp. 69-79.
盛口満. 2015c. 「魚毒植物を中心とした久米島における植物利用の記録」. 『こども文化学科紀要』(2): pp. 43-53.
盛口満. 2015d. 「里山のソテツ栽培――琉球列島から房総半島へ」. 『地域研究』(15): pp. 19-26.
盛口満. 2015e. 「白保の暮らしの聞き書き」. 沖縄大学地域研究宇所・石垣島白保における環境保全および地域社会維持に関する共同研究班・盛口ゼミ『石垣島白保における環境学習の実践・暮らしと文化の調査についての5年間のとりくみ（2011-2015年度）』. pp. 69-152.
盛口満. 2016a. 「琉球列島におけるシュロ（*Trachycarpus excelsus*）の消失」. 『沖縄大学人文学部紀要』(18): pp. 1-10.
盛口満. 2016b. 「琉球列島の里山の多様性の解明にむけて――徳之島の有用植物の報告から」. 『地域研究』(17): pp. 47-71.

盛口満．2016c．「魚毒植物の利用を軸に見た琉球列島の里山の自然」．大西正幸・宮城邦昌編『シークヮーサーの知恵――奥・やんばるの「コトバ-暮らし-生きもの環」』．京都大学学術出版会．pp. 103-127.
盛口満．2016d．「伊良部島の有用動植物の記録」．『地域研究』(18): pp. 133-166.
盛口満．2018．「奄美群島の里山と植物利用」．鹿児島大学生物多様性研究会編『奄美群島の植物』．南方新社．pp. 156-168.
盛口満・安渓貴子編．2009．『聞き書き・島の生活誌②ソテツは恩人　奄美のくらし』．ボーダーインク．
盛口満・三輪大介．2015「魚毒植物を中心とした池間島における植物利用の記録」．『地域研究』(16): pp. 191-206.
盛口満ほか．2017a．「池間島における特別な利用植物としてのアダン」．『こども文化学科紀要』(4): pp. 91-108.
盛口満・鹿谷法一・鹿谷麻夕．2017b．「浦添市・港川における聞き書きの記録――閑居教育の教材開発に向けて」．『こども文化学科紀要』(4): pp. 109-116.
盛口満・宮城邦昌．2017．『やんばる学入門』．木魂社．
盛本勲．2014．『沖縄のジュゴン　民族考古学からの視座』．榕樹書林．
安室知．1998．「西表島の水田漁撈――水田の潜在力に関する一研究」．農耕文化研究振興会編『琉球弧の農耕文化』．pp. 109-149.
山田文雄．2017．『ウサギ学――隠れることと逃げることの生物学』．東京大学出版会．
楊智凱ほか．2014．『臺湾的殼斗植物』．行政院農業委員會林務局．
養父志乃夫．2009．『里地里山文化論　下　循環型社会の暮らしと生態系』．農山漁村文化協会．
横田昌嗣．2015．「陸域の植物　シダ植物」　沖縄県教育庁文化財課資料編集班編『沖縄県史　各論編　第1巻　自然環境』．沖縄県教育委員会．pp. 429-432.
与那国町教育委員会編．1995．『与那国島の植物』．与那国町教育委員会．
琉球新報社編．1999．『新南嶋探験　笹森儀助と沖縄百年』．琉球新報社．
渡辺照和・伊藤武男．2001．「ソテツ（キカス）」．『農業技術体系11　花卉編』．農村文化協会　追補第3号　438の2-438の4.
和泊町誌編集委員会編．1974．『和泊町誌　民俗編』．和泊町教育委員会．

Heizer R.E. 1953. Aboriginal fish poisons. *Anthropological Papers*. No. 38. Smithsonian Institution Bureau of American Ethnology Bulletin 151.
Tu M.-C. *et al.* 2000. Phylogeny, taxonomy, and biogeography of the Oriental pitvipers of the genus *Trimeresurus* (Reptilia: Viperidae: Crotaliae): a molecular perspective. *Zoological Science* 17 (8): 1147-1157.

[初出一覧]

　本書は，統一した内容を目指して書き下ろしたが，以下の節および章は，それぞれにあげた文献を骨組みとして，再構成，加筆修正，削除などを行っている．

3.4　盛口 2011b
3.5　盛口 2011b および盛口 2018
4.4　盛口 2016a
4.5　盛口 2011b および盛口 2014
4.6　同上
4.7 および 4.8　盛口 2016 c
第6章　盛口 2015d

索　引

ア　行

アキケーバル　60
アコウ　182
アダナス　158
アダン　152
アダンニー　155
アダン文化　157
アブシバレー　133
雨乞い　136
奄美諸島　4
アンズタケ　204
石アダン　160
イジュ　130
イノー　70
イノー公売　145
イワタイゲキ　162
ウカファヤマ　42
ウージガラダムン　152
ウスヒラタケ　204
ウラジロフジウツギ　128
上木税　34
エゴノキ　128
エーバテー（藍畑）　60
オオイタビ　184
大隅諸島　4
オキナワウラジロガシ　37
沖縄諸島　4

カ　行

貝塚時代　27
海洋島　15
鹿児島方式　56
カーヌパタッツアヌアブタマ・ユングトゥ　68
刈敷　120
刈敷利用タイプ　121
北琉球　15
キツネノヒマゴ　167
ギーマ　183
魚毒漁　124
キリンカク　136
クェーナ　43
グスク時代　27
クロイゲ　175
クロヨナ　43
クロヨナ利用タイプ　121
慶良間海峡　16
原野　75
工芸作物　65
高島　20
コウライシバ　170
米の生産調整　56
ゴモジュ　139

サ　行

蔡温　29
サイカシン　100
先島諸島　4
ササ　132
サーターダムンヤマ　75
サツマイモの伝来　27
薩摩の侵略　28
サトウキビブーム　54
里地里山　5
里山　5
里山誌　11
サバター　153

サルカケミカン　80
サンショウ　125
シイ　37
猪垣　59
自然史　10
自然誌　10
持続可能性　231
シダ係数　23
シナガワハギ　150
シーヌウチ　70
シーヌフカ　70
シバニッケイの菌えい　191
しま　70
しまヌマール　70
ジュゴン猟　32
シュロ　85
消滅の危機に瀕する言語　71
ジル　153
人頭税　28
水田漁労　210
すいば　6
スエヒロタケ　204
スク漁　143
スーチバダムン　152
繊維利用植物　82
戦争マラリア　24
ソテツ　96
ソテツ地獄　98
ソテツ畑　115
ソテツ文化　124
ソテツ利用タイプ　121
杣山制度　29
杣山の払い下げ　63

タ　行

タシマ　68
タニシ　211
タングン島　23
地下水系　22
チガヤ　170
朝鮮の漂流民　25
ツルグミ　185

低島　21
デリス　130
テリハボク　181
天水田　48
導入緑肥利用タイプ　121
トカラ海峡　16
トカラ列島　4
ドジョウ類　211
ドングリの貯蔵穴　39

ナ　行

中琉球　15
南嶋探験　23
日本列島における人間-自然相互関係の歴
　史的・文化的検討　41
ヌングン島　23
農務帳　101

ハ　行

博物学　10
バシマ　68
ハスノハカズラ　81
鳩間節　37
原勝負　93
バンジロウ　185
ハンバラ　161
ピテー　200
ヒメクマヤナギ　187
ヒョウタンカズラ　82
フクロギ　136
ブナ科植物　18
部分名称　160
ブレーザサ　132
包護林　198
ポーグ　198

マ　行

間切　51
間切内法　102
マージャミヤラビ　32
マラリア　23
水アダン　160

南琉球　15
宮古諸島　4
ムタ　169
ムベ　183
モー　75
モクタチバナ　130
モッコク　135

ヤ　行

八重山諸島　4
八重山農務帳　101
ヤマモモ　184
湧水　73

ヨルカヨレ　35

ラ　行

隆起サンゴ礁　21
リュウキュウアイ　60
琉球王国　28
リュウキュウコクタン　199
琉球諸島（南西諸島）　4
琉球列島　4
琉球列島の文化圏　27
緑肥　115
ルリハコベ　145

著者略歴

盛口 満（もりぐち・みつる）

1962 年	千葉県に生まれる．
1985 年	千葉大学理学部生物学科卒業．
	自由の森学園中・高等学校の理科教員，沖縄の珊瑚舎スコーレの講師などを経て，
現　在	沖縄大学人文学部こども文化学科教授．
専　門	植物生態学．
主　著	『僕らが死体を拾うわけ』（1994 年，どうぶつ社）
	『ゲッチョ先生の卵探検紀』（2007 年，山と溪谷社）
	『おしゃべりな貝』（2011 年，八坂書房）
	『生き物の描き方』（2012 年，東京大学出版会）
	『身近な自然の観察図鑑』（2017 年，筑摩書房）
	『落ち葉の不思議博物館』（2017 年，少年写真新聞社）
	『うたいつぐ記憶（聞き書き・島の生活誌⑤）』（共編，2011 年，ボーダーインク）
	『シークヮーサーの知恵』（分担執筆，2016 年，京都大学学術出版会）
	『やんばる学入門』（共著，2017 年，木魂社）ほか多数．

琉球列島の里山誌──おじいとおばあの昔語り

2019 年 1 月 15 日　初　版

［検印廃止］

著　者　盛口　満

発行所　一般財団法人　東京大学出版会

代表者　吉見俊哉

153-0041　東京都目黒区駒場 4-5-29
電話 03-6407-1069　Fax 03-6407-1991
振替 00160-6-59964

印刷所　株式会社三秀舎
製本所　誠製本株式会社

© 2019 Mitsuru Moriguchi
ISBN 978-4-13-060321-8　Printed in Japan

JCOPY　〈（社）出版者著作権管理機構　委託出版物〉
本書の無断複写は著作権法上での例外を除き禁じられています．複写される場合は，そのつど事前に，（社）出版者著作権管理機構（電話 03-3513-6969,
FAX 03-3513-6979, e-mail : info@jcopy.or.jp）の許諾を得てください．

生き物の描き方　盛口満[著] 自然観察の技法		A5判・160頁/2200円
昆虫の描き方　盛口満[著] 自然観察の技法 II		A5判・162頁/2200円
植物の描き方　盛口満[著] 自然観察の技法 III		A5判・176頁/2400円
自然を楽しむ　盛口満[著] 見る・描く・伝える		四六判・296頁/2700円

ここに表記された価格は本体価格です．ご購入の際には消費税が加算されますのでご了承ください．